AF460672

FLORE

OU

Statistique Botanique

DE LA SEINE-INFÉRIEURE,

CONTENANT

LA DESCRIPTION, LES PROPRIÉTÉS MÉDICALES ET ÉCONOMIQUES, ET L'HISTOIRE ABRÉGÉE DES PLANTES DE CE DÉPARTEMENT;

PAR F.-A. POUCHET,

DOCTEUR EN MÉDECINE,

Professeur d'Histoire naturelle au Jardin Botanique de Rouen, Membre de l'Académie royale des Sciences, Belles-Lettres et Arts de cette ville, etc., etc.

TOME SECOND.

FLORE DESCRIPTIVE.

ROUEN.

[illegible], IMPRIMEUR DU ROI,

[illegible]

183[illegible].

FLORE

OU

STATISTIQUE BOTANIQUE

DE LA SEINE-INFÉRIEURE.

PREMIÈRE CLASSE.

ACOTYLÉDONES APHYLLES.

FAMILLE DES HYDROPHYTES.

Plantes aquatiques membraneuses ou filiformes, gélatineuses ou subcartilagineuses, de couleur verte ou pourpre, simples ou ramifiées, continues ou articulées. Reproduction scissipare ou par des sporules fort petites.

Ces végétaux forment le lien d'union entre les deux règnes végétal et animal : quelques uns même ont une existence si ambiguë qu'on ne sait encore au juste dans lequel des deux les classer.

Les Hydrophytes qui peuplent les eaux douces ont reçu le nom de *Conferves;* celles qui viennent dans la mer sont appelées *Thalassiophytes.* Les principaux genres de cette famille, qui se trouvent dans notre département, sont les Oscillatoires, remarquables par les mouvemens de leurs filamens, analogues à ceux des animaux; les Conferves, dont les réseaux capillaires verdissent nos mares; les Ulves et les Fucus qui viennent dans la mer, dont plusieurs espèces servent à l'alimentation de l'homme ou à l'extraction de l'iode, tandis qu'en masse on les emploie toutes comme engrais ou pour faire de la soude.

FAMILLE DES CHAMPIGNONS.

Végétaux charnus ou subéreux, de formes très-variées; tantôt se rapprochant de celle d'un parasol, tantôt globuleux, ovoïdes ou filamenteux, simples ou ramifiés, n'offrant jamais la couleur verte. Sporules nues ou renfermées dans des espèces de capsules.

Ces plantes offrent des propriétés fort opposées : beaucoup sont alimentaires, quelques unes passent pour vénéneuses; elles sont en général parasites. Les genres Agaric, Bolet, Hydne, Morille, Helvelle, Pezize, Clavaire, Lycoperde, Mucor, offrent communément de leurs espèces dans nos localités. D'après les observations récentes de M. Dutrochet, certains champignons ne seraient que les organes de la fructification des *Byssus*.

FAMILLE DES LICHÉNÉES.

Plantes pulvérulentes, membraneuses, ou à tige simple ou ramifiée; ordinairement sèches et coriaces. Sporules renfermées dans des conceptacles nommés *Apothécions*.

Les Lichens vivent ordinairement en parasites sur les écorces des arbres; mais on les rencontre également sur les pierres ou dans les terrains humides. Certaines espèces sont alimentaires, d'autres sont employées en médecine ou dans la teinture. Le genre Lichen, dont on a fait une foule de coupes, s'offre à chaque pas à l'observateur.

DEUXIÈME CLASSE.

ACOLYLÉDONES FOLIÉES.

FAMILLE DES HÉPATIQUES.

Plantes membraneuses, simples ou lobées, ou à tige ramifiée et à feuilles sessiles. Organes reproducteurs formés d'une espèce de capsule sessile ou pédonculée, déhiscente, inoperculée, sans coiffe, et contenant des globules remplis d'un fluide visqueux ou des sporules diversiformes réunies par des filamens enroulés, élastiques.

Ces végétaux forment le passage des Lichénées aux Mousses. Les genres Marchantie, Jungermane, Anthocère, Blasie et Riccie, se trouvent sur notre territoire. On ne reconnaît aujourd'hui aucune propriété aux plantes de cette famille.

FAMILLE DES MOUSSES.

Fructification formée d'une capsule ou urne pédiculée, operculée, couronnée d'une coiffe, et contenant des séminules pulvérulentes ; orifice capsulaire nu, denté, cilié ou membraneux ; outre les capsules, corps alongés, ovoïdes, environnés de filamens articulés.

Ce sont de petites plantes vivaces, constamment vertes, qui forment cette famille ; presque tous les genres se trouvent dans nos contrées.

FAMILLE DES LYCOPODIACÉES.

Plantes à tiges rameuses. Fructification formée par des capsules tantôt uniloculaires, contenant des sporules petites et nombreuses; tantôt bi ou trivalves, et ne renfermant que trois ou quatre grosses sporules.

Ce groupe comble l'intervalle des Mousses et des Fougères, et forme le passage de l'une à l'autre de ces familles. Le Lycopode en massue, qui fournit une poussière inflammable connue sous le nom de *soufre végétal*, se trouve dans les bois.

FAMILLE DES FOUGÈRES.

Organes de la fructification disposés symétriquement à la face inférieure des feuilles ou à leur extrémité; sporules nues ou renfermées dans une espèce de petite capsule (conceptacle) souvent garnie d'un anneau élastique déterminant sa déhiscence.

Plantes herbacées ou ligneuses, à feuilles ordinairement ailées. Les genres Ophioglosse, Osmonde, Polypode, Doradille, Ptéride, sont indigènes de notre département. Les racines de plusieurs Fougères sont toniques; quelques unes passent pour d'énergiques vermifuges: telles sont particulièrement celles du *Polypodium filix mas*.

FAMILLE DES ÉQUISÉTACÉES.

Fructification spiciforme, terminale, composée d'écailles pelletées, supportant inférieurement des capsules déhiscentes, renfermant des sporules globuleuses entourées de quatre filamens articulés à leur extrémité.

Plantes herbacées, vivaces, à tige ordinairement creuse, simple ou rameuse, articulée, à feuilles linéaires. Quelques unes infestent les champs; d'autres viennent dans les marais. Végétaux peu utiles, quelques espèces servent cependant à polir les ouvrages en bois.

FAMILLE DES MARSILÉACÉES.

Organes de la fructification naissant près de la racine, à la base des feuilles, composés d'involucres épais ou membraneux, uni ou pluriloculaires, indéhiscens ou déhiscens, renfermant de gros (pistils) ou de petits (étamines) corpuscules reproducteurs.

Plantes aquatiques submergées ou nageantes, à feuilles sétacées ou élargies. On trouve dans notre département les genres Pilulaire et Isoete.

FAMILLE DES CHARACÉES.

Fructification composée de trois à cinq capsules (sporanges) uniloculaires, à cinq dents, contenant des sporules nombreuses, agglomérées en une seule masse (graine des auteurs); en outre on trouve sur les rameaux des tubercules rougeâtres (étamines des auteurs) remplis d'un fluide mucilagineux, contenant des filamens blanchâtres, articulés, et des filamens remplis d'un fluide rouge.

Plantes aquatiques, rameuses, à divisions verticillées. Plusieurs espèces de cette famille, composée du seul genre *Chara*, abondent dans nos marais.

TROISIÈME CLASSE.

MONOCOTYLÉDONES SQUAMMIFLORES.

FAMILLE DES GRAMINÉES.

Fleurs hermaphrodites, unisexes ou stériles. Périanthe médiat ou glume (*calice*, Lin.; *lépicène*, Rich.; *spathelle*, Nob.), ordinairement formé de deux écailles ou valves. Calice ou balle (*corolle*, Lin.; *calice*, Juss. et Nob.) bivalve. Glumelle (*corolle*, Nob.) communément composée de deux petites écailles. Généralement trois étamines, et deux styles plumeux; anthères fendues aux extrémités. Cariopse unique, à périsperme farineux. Plantes presque toutes herbacées et à chaume creux, cylindrique. Feuilles alternes, engaînantes, à gaîne fendue. Inflorescence ordinairement en épi ou en panicule.

Famille des plus naturelles, sous le rapport physique comme par ses propriétés. Précieuses par leurs usages économiques, les semences des graminées sont partout employées à la nourriture de l'homme; elles contiennent une fécule abondante, et, par la fermentation, on en obtient des boissons alcooliques. L'art médical ne trouve dans ce groupe aucun agent énergique. Quelques graminées ont cependant une action délétère sur nos organes, et d'autres sont employées comme sudorifiques et comme diurétiques.

Nous avons suivi les idées de M. Kunth, pour l'arrangement naturel de ce groupe, dont on pourrait considérer les coupes secondaires comme autant de petites familles.

I°. *PANICÉES.*

Glume ordinairement membraneuse, uniflore ou biflore, une des deux fleurs stérile ou unisexe. Valves calicinales cartilagineuses. Panicule ou épi.

MILLET. *Milium.* **L.**

Fleurs mutiques. Glume bivalve, uniflore, à valves aiguës, membraneuses, ventrues. Calice à valves égales, non carénées. Panicule.

Ce nom vient du celtique *mil*, qui signifie pierre, et il a été donné à la plante de ce genre, à cause du brillant et de la dureté de ses semences. Selon Olivier de Serre, il dériverait de *mille*, qui exprime sa fécondité.

Millet étalé. *M. effusum.* L.

Chaume droit, simple, s'élevant jusqu'à trois pieds. Feuilles larges, planes, presque glabres, à bords scarieux, finement dentés; ligule membraneuse, entière. Panicule très-lâche, à pédicelles semiverticillés, fins, rectilignes, subglabres, étalés; fleurs peu nombreuses. Glume à valves minces, molles, presque glabres; valves calicinales égales, concaves, non carénées, mutiques, brillantes, glabres; stigmate simple. ♃

Agrostis effusa. Lam. — Se trouve dans les bois; fleurit en mai, juin.

STURMIE. *Sturmia.* **Pers.**

Glume uniflore, équivalve, à deux valves membraneuses, tronquées. Valves calicinales laciniées, velues, mutiques. Deux stigmates. Épi.

Genre dédié au botaniste Sturm par Hope, dans la *Flore germanique.*

Sturmie exiguë. *S. minima.* Sturm.

Tige capillaire, torse, dépourvue de nœuds, s'élevant de deux à trois pouces, formant des touffes d'un vert rougeâtre. Feuilles linéaires, courtes, radicales, subglabres, à bords roulés. Épi très-simple, filiforme, à axe flexueux, portant six à dix fleurs. Glume violette. ⊙

Croît dans les sables aux environs de la forêt de Lessart, et fleurit au printems.

DIGITAIRE. *Digitaria.* HALL.

Fleurs polygames. Glume membraneuse, bivalve, biflore ou uniflore. Balle bivalve, enveloppant la graine. Épis digités, linéaires, à fleurs unilatérales.

Ce nom vient de *digitus,* doigt, et il a été donné à ces plantes à cause de la disposition des épis.

* *Glume biflore.* **Digitaria.** CHEV.

Digitaire sanguinale. *D. sanguinalis.* Rich.

Racine fibreuse, unie ou multicaule. Chaume d'abord couché, puis vertical, s'élevant environ de huit à douze pouces. Feuilles à limbe plan, court, pubescent; gaîne revêtue de poils à base tuberculeuse; ligule membraneuse. Inflorescence composée de quatre à six épis digités; fleurs géminées, dont une sessile, l'autre pédicellée. Glume à valves très-inégales, la plus grande purpurine, glabre, ou seulement à bords pubescens ; valves calicinales lancéolées, solides, égales, finement striées, glabres, mutiques. ⊙

Panicum sanguinale. L. — Elle fleurit en été, et se trouve dans les terrains arénacés et cultivés, principalement dans ceux des environs de Sotteville et aux environs de la mer ; souvent aussi dans les jardins.

Digitaire ambiguë. *D. ambigua.* Mér.

Chaume étalé, couché, ne s'élevant que de six à dix pouces. Feuilles à gaîne glabre ; ligule squammeuse. Seulement deux ou trois épis à fleurs géminées. Glume à valves presque égales, pubescentes. ⊙

Panicum ambiguum. Auct. — Cette espèce se rencontre mêlée à la précédente, dont je la crois une variété qui en diffère seulement par un moindre développement de ses organes.

** *Glume uniflore, avec un rudiment de fleur pédicellée.*

Cynodon. Rich.

Digitaire stolonifère. *D. stolonifera.* Schrad.

Chaume rampant sous le sol ou à sa surface, très-rameux, émettant des racines de ses nœuds. Feuilles presque distiques, à limbe court, plan ou roulé en dessus, glauque, ordinairement glabre ; ligule velue. Quatre à six épis digités, linéaires, rougeâtres ; fleurs sessiles, géminées. Glume à deux valves inégales, étroites, pointues, la plus grande imitant une bractée divergente ; valves calicinales plus grandes qu'elle, égales, l'externe carénée, à quille hispide, l'interne portant une soie à la base; stigmate plumeux. ♃

Panicum dactylon. L. *Paspalum.* Dec. *Cynodon.* Rich. — Cette graminée élégante vient dans les terrains sablonneux; elle est connue sous le nom vulgaire de *Chiendent*, et ses racines jouissent des mêmes propriétés que celles du Froment rampant, qui porte plus particulièrement cette dénomination.

PANIS. *Panicum.* **Juss.**

Fleurs souvent environnées de barbes. Glume trivalve ou quadrivalve, uniflore ou biflore. Valves calicinales persistantes. Panicule lâche ou spiciforme.

Pline fait dériver ce nom de la forme de panache qu'affecte l'inflorescence; d'autres de *panis*, pain, en se fondant sur l'usage alimentaire que les Gaulois faisaient de l'espèce à laquelle ils donnaient cette dénomination.

* *Glumes biflores, polygames, sans soies.* **Panicum.** Beauv.

Panis millet. *P. miliaceum.* L.

Chaume droit, fort, s'élevant jusqu'à trois pieds. Feuilles très-larges, pubescentes, à gaîne et à ligule velues. Panicule rameuse, vaste, pendante au sommet. Glume biflore, sans filets à sa base; fleur inférieure unisexe ou neutre, et la supérieure hermaphrodite; valves ovales, concaves, pointues, marquées de nervures saillantes, vertes. Graines lisses. ♂

Var. α. Graines blanches. — β. Graines jaunes. — γ. Graines noirâtres. — δ. Glumes purpurines. = Cette plante, originaire de l'Inde, se cultive chez nous pour la nourriture des oiseaux. Dans quelques pays elle sert encore d'aliment aux hommes.

** *Fleurs environnées de soies ; épi verticillé.* **Setaria.** Beauv.

Panis verticillé. *P. verticillatum.* L. Dec.

Chaume rameux et un peu coudé à sa base, s'élevant de douze à quinze pouces. Feuilles larges, planes, scabres, subglauques, à nervure médiane blanche ; gaînes glabres, seulement pubescentes sur leurs bords vers le haut ; ligule velue. Epis subconiques, interrompus, à fleurs verticillées, environnées d'arêtes hispides à poils renversés, très-courts, accrochans. Glume à valves membraneuses, ovoïdes, l'externe très-petite ; valves calicinales solides, rugueuses, striées longitudinalement. Graine à nervures longitudinales ? ☉

Setaria verticillata. Beauv. — Je n'ai point observé la graine à sa maturité ; mais je pense que pour elle on aura peut-être pris les valves calicinales qui sont striées, et qu'on n'isole facilement que par la dissection sous l'eau. C'est aussi parce que l'on a méconnu ces valves que l'on a pensé qu'il n'y avait qu'une petite valve à la glume, parce qu'alors on prenait les balles pour la graine, et que l'on regardait les deux grandes valves de la glume comme constituant la balle.

Panis vert. *P. viride.* L.

Chaume gros, assez droit, solide, quelquefois haut de deux pieds, mais ordinairement moins élevé que dans le précédent. Feuilles planes, scabres ; gaînes glabres, à orifice pubescent. Épi cylindrique, non interrompu, verdâtre, à fleurs verticillées, géminées, environnées de soies raides, mais non hispides, non accrochantes. Graines à sommet déprimé, striées transversalement. ⊙

Setaria viridis. Rom. et Sch. — Préfère les terres cultivées.

Panis glauque. *P. glaucum.* L.

Chaume couché inférieurement. Feuilles glauques. Panicule spiciforme, cylindrique, alongée. Fleurs environnées de soies de couleur jaune-roux. Graines striées transversalement. ⊙

Setaria glauca. Rom. et Sch. — On l'a trouvée aux environs de Rouen. Je ne l'y ai point encore découverte.

*** *Glume à une valve aristée et une bidentée.* **Echinochloa.** Beauv.

Panis pied-de-coq. *P. crusgalli.* L.

Chaume couché et rameux vers le bas, s'élevant d'un à deux pieds. Feuilles larges, planes, glabres; gaînes glabres. Panicule formée d'épis alongés, alternes, unilatéraux, rudes et verdâtres; pédicelles striés, hispides. Glume à quatre valves; trois sont ciliées, l'extérieure est fort petite, une autre se termine souvent en arête hispide, la quatrième interne est membraneuse, subglabre; valves calicinales solides, lisses, luisantes, contenant la graine, et comme soudées par leurs bords. ⊙

Echinochloa crusgalli. Beauv. — Cette plante a éprouvé les mêmes viscissitudes que le Panis verticillé. On a pris ses valves calicinales protectrices pour le tégument de la graine, et l'on a regardé cette espèce comme n'ayant qu'une valve à la glume, et ayant des valves calicinales velues, et dont l'une porte une arête ; tout cela s'applique à la glume, qui, au lieu d'une valve, en a quatre.

II°. *STIPACÉES.*

Épilets uniflores, solitaires, paniculés. Glume membraneuse. Valve calicinale externe cartilagineuse, non embrassante.

STIPE. *Stipa.* L.

Glume uniflore à deux valves très-longues. Calice bivalve, à valve extérieure portant une arête terminale torse, articulée avec elle, excessivement longue, caduque.

Selon quelques botanistes, ce nom vient de *stipare*, croître abondamment.

Stipe penné. *S. pennata.* L.

Chaume droit. Feuilles radicales étroites, très-longues, roulées, filiformes, glabres, glauques, la supérieure plane, enveloppant les fleurs comme une spathe ; ligule membraneuse. Panicule serrée, pauciflore, à pédicelles simples ou rameux. Glume à valves glabres, extrêmement longues, se terminant en arête ; calice à valves pubescentes ; arête calicinale d'environ six à dix pouces de long, plumeuse, dont les poils fins, blanchâtres, sont distiques. ♃

Se trouve aux Andelys. Fleurit en juin, juillet.

III°. *AGROSTIDÉES.*

Épilets uniflores. Glume et calice scarieux. Valve calicinale interne unicarénée.

POLYPOGON. *Polypogon.* Desf.

Glume uniflore à deux valves longuement aristées. Calice plus petit, à deux valves, dont une aristée. Panicule spiciforme.

De πολυ, beaucoup, et de πωγων, barbe.

Polypogon de Montpellier. *P. monspeliense.* Desf.

Chaume haut d'environ un pied, glabre, un peu courbé. Feuilles à limbe court, glabre, glauque, rude ; gaîne longue, glauque, à ligule membraneuse, alongée. Panicule serrée, terminale, très-barbue, d'un vert blanchâtre, à pédicelles courts, chargés de fleurs très-nombreuses. Glume équivalve, à valves membraneuses, pubescentes sur le dos, ciliées aux bords, émarginées au sommet, et trois fois plus courtes que leurs arêtes hispides ; calice membraneux, glabre, lisse, à arête courte ou nulle. ⊙

Alopecurus monspeliensis. L. — Croît dans les lieux incultes, près de la mer, aux environs du Havre.

AGROSTIS. *Agrostis.* Dec.

Glume bivalve, uniflore. Calice bivalve, glabre, mutique ou aristé, quelquefois univalve par avortement. Panicule lâche ou serrée, à fleurs petites.

Dérivé d'αγρος, champ, parce que ces plantes abondent dans les campagnes. Les Grecs étendaient ce nom à toutes les graminées en général. Les Agrostis constituent une partie des fourrages que nous récoltons dans les prairies.

* *Calice mutique.*

Agrostis maritime. *A. maritima.* Lam.

Chaume rampant, rectiligne, grêle. Feuilles à limbe roulé, cylindrique, raide, court; ligule membraneuse. Panicule serrée, étroite, spiciforme. Glume à valves égales, courbées, carénées, à dos hérissé d'aspérités apercevables seulement à la loupe; calice bivalve, mutique. ♃

Croît sur les sables. On le trouve surtout vers les rives du canal de Dieppe.

Agrostis vulgaire. *A. vulgaris.* Hoff.

Racine fibreuse. Chaume souvent couché à sa base puis droit, haut d'un à deux pieds. Feuilles peu nombreuses, à limbe court, plan, à bords rudes. Panicule très-rameuse, étalée lors de la floraison, resserrée après, à fleurs d'abord violettes, puis brunâtres; pédicelles fins et hispides. Glume à valves égales, pointues, dont une est hispide sur le dos, quelquefois toutes les deux; valves calicinales glabres, pâles, mutiques, l'interne moitié plus courte que l'externe. ♃

Var. α. *A. violacea.* Thuil. Panicule petite, fasciculée, à fleurs violettes. — β. *A. alba.* L. Panicule blanchâtre, à glumes seulement hispides sur le dos. — γ. *A. stolonifera.* L. Chaume couché, poussant des racines de ses nœuds inférieurs. — δ. *A. verticillata.* Willd. Panicule à courts pédicelles verticillés; calice d'un vert noirâtre. — ε. *A. dubia*

Thuil. Panicule serrée ; valves calicinales quelquefois très-courtement aristées. — ζ. *A. pumila.* L. Chaume n'excédant pas trois pouces ; feuilles sétacées ; pédicelles capillaires nullement flexueux.

Agrostis des marais. *A. palustris.* Huds.

Chaume couché. Panicule resserrée, mutique. Valves de la glume égales, légèrement hispides. ♃

Je ne connais cette plante que par la description qu'en a faite M. Leturquier-Deslongchamp, et que je traduis littéralement. Il dit qu'elle croît à Déville dans les prés humides.

* *Calice aristé.*

Agrostis rouge. *A. rubra.* L.

Chaume couché, puis droit. Feuilles planes, à limbe court, étroit, hispidiuscule, subglauque ; ligule membraneuse, déchiquetée, obtuse, oblongue. Panicule resserrée avant la floraison, étalée ensuite, à pédicelles semiverticillés, subglabres. Glume à valves inégales, carénées, pointues, violettes, à dos hispide ; calice univalve, plus court qu'elle, portant une arête recourbée, souvent tordue, insérée sur le milieu de sa valve. ☉

Préfère les terrains sablonneux inondés. Se trouve à Saint-Léger-du-Bourg-Deny. Fleurit en juin.

Agrostis des chiens. *A. canina.* L.

Graminée stolonifère, touffue. Chaume rameux, genouillé, couché à sa base. Feuilles inférieures sétacées, un peu glauques ; les supérieures planes, très-étroites, à limbe rude, à gaîne lisse; ligule membraneuse, longue. Panicule oblongue, resserrée avant et après la floraison. Glume carénée, violette, à dos hispide; calice blanchâtre, scarieux, univalve, bidenté au sommet; arête dorsale coudée, naissant sur le milieu de la valve. ♃

Cette espèce abonde dans les prairies humides; elle a été confondue par quelques botanistes avec l'Agrostis rouge, et, selon d'autres, ce n'est qu'une variété colorée de l'Agrostis vulgaire. Son port la distingue principalement de la première de ces plantes, son calice univalve de la seconde.

Agrostis épi-de-vent. *A. spica venti.* L.

Racine multicaule. Chaume articulé, feuillé, presque droit, s'élevant jusqu'à un mètre. Feuilles larges, striées, rudes; gaîne striée; ligule membraneuse. Panicule très-ample, étalée, égalant le tiers de la tige en longueur, à pédoncules capillaires, semi-verticillés, penchés au sommet; fleurs très-nombreuses, vertes ou rougeâtres. Glume carénée, à dos hispidiuscule; calice presque équivalve, à écailles aiguës, l'externe hispidiuscule, portant vers le sommet une arête capillaire longue et droite. ⊙

Var. α. *A. interrupta.* L. Panicule grêle, interrompue, à pédicelles dressés. = Je pense, comme Haller, que cette plante est une variété de l'Agrostis épi-de-vent. La dissection m'a démontré que, comme dans celle-ci, le calice est bivalve; on ne peut donc en faire un *Trichodium.* On trouve communément cet Agrostis et sa variété dans les champs: ils fleurissent en juin.

Agrostis mélanosperme. *A. melanosperma.* Lam.

Racine stolonifère. Chaume s'élevant environ à deux pieds, droit, glabre. Feuilles planes, scabres, glauques, à ligule très-courte. Panicule très-lâche, pauciflore, à pédicelles fort longs, glabres, géminés ou ternés. Glume oblongue, concave, trinervée, glabre; valves calicinales lisses, pointues, aristées, vertes par leur base, à sommet blanchâtre, transparent; barbes courtes, triangulaires, caduques; cariopse ovoïde, noire et luisante. ♃

Agrostis paradoxa. L. *Milium parodoxum.* Schreb. — Cette espèce a le port d'une Avoine par la grosseur de ses fleurs. Se trouve en été dans les bois.

Glume à valves renflées. **Gastridium.** Beauv.

Agrostis ventrue. *A. ventricosa.* Gouan.

Chaume rameux à sa base, articulé, s'élevant environ à un pied. Feuilles étroites, linéaires, planes, glauques. Panicule resserrée, pyramidale, spiciforme, à pédicelles courts, semiverticillés; fleurs petites, globuleuses à la base, alongées, aiguës vers le sommet. Glume longue et étroite, renflée en bas; calice extrêmement petit, univalve, lacinié, aristé; arête n'excédant pas ordinairement la glume. ♃

Milium lindigerum. L. *Gastridium lindigerum.* Beauv. *Alopecurus ventricosus.* Huds.—Se trouve au Pont-Audemer, à Quillebeuf.

CALAMAGROSTIS. *Calamagrostis.* **Roth.**

Glume uniflore, bivalve. Calice bivalve, muni de poils longs et soyeux à sa base ou sur ses valves, aristé ou mutique. Panicule.

C'est à leur port assez analogue dans certaines espèces à celui des roseaux, καλαμος, et à quelques particularités d'organisation qui semblent les rapprocher des Agrostis, que ce genre doit sa dénomination.

Calamagrostis roseau. *C. arundinacea.* Roth.

Chaume s'élevant environ à trois pieds, glabre. Feuilles planes, larges, glabres, à bords rudes; ligule membraneuse. Panicule d'abord resserrée et colorée en violet, puis s'ouvrant et pâlissant; pédicelles ordinairement géminés, courts. Glume équivalve, à valves carénées, aiguës, colorées, glabres; valves calicinales plus courtes, mutiques, égales, pubescentes, ayant une petite houppe de poils à leur base. ♃

Arundo colorata. Ait. *Phalaris arundinacea.* L. — Croît sur les bords de la Seine et dans les fossés. Fleurit en été. Une variété est cultivée sous le nom de *Roseau panaché.*

Calamagrostis lancéolée. *C. lanceolata.* Roth.

Racine horizontale, traçante, grêle. Chaume s'élevant à plus de trois pieds, simple ou rameux. Feuilles roulées, subulées, glabres, scabres, abondantes en bas. Panicule d'abord resserrée, spiciforme, à pédicelles hispides, rameux, multiflores.

Glume à valves très-étroites, à dos hispide, aiguës, panachées de vert et de pourpre, puis jaunâtres ; poils soyeux, abondans et longs ; calice à valves inégales, membraneuses, l'externe plus grande, aristée ; arête capillaire, hispidiuscule, dorsale. ♃

Arundo calamagrostis. Lin. — Var. *α. C. epigeios.* Chev. Feuilles linéaires, un peu velues supérieurement. = Se plaît dans les lieux couverts.

Calamagrostis des sables. *C. arenaria.* Roth.

Racine rampante, articulée, à fibres nombreuses. Chaume droit. Feuilles glauques, dures, roulées, à extrémité mucronée, aiguë. Panicule spiciforme, jaunâtre. Glume équivalve, aiguë, lisse ; calice plus court qu'elle, mutique, pubescent à sa base. ♃

Arundo arenaria. L. — Vient sur nos plages maritimes ; elle est cultivée dans quelques pays pour fixer les dunes.

VULPIN. *Alopecurus.* L.

Glume uniflore, bivalve, inerme. Calice univalve, portant une arête à sa base. Épi ou panicule spiciforme.

De αλωπηξ, renard, et de ουρα, queue, par la comparaison que l'on a établie entre l'inflorescence de ces graminées et la forme de la queue du renard.

Vulpin des prés. *A. pratensis.* L.

Racine fibreuse, rampante. Chaume simple, droit, glabre, s'élevant à deux pieds. Feuilles longues, planes, glabres, rudes aux bords. Panicule spiciforme, cylindrique, blanchâtre, comme tomenteuse. Glume à valves adhérentes à leur base, pubescentes, à dos velu; calice pubescent vers le sommet, un peu plus court qu'elles, portant à sa base une arête saillante. ♃

Cette graminée abonde dans les prairies.

Vulpin champêtre. *A. agrestis.* L.

Racine fibreuse. Chaume rameux à sa base, ordinairement droit, s'élevant de douze à quatorze pouces. Feuilles à limbe court, large, plane; ligule membraneuse. Épi cylindrique, grêle, alongé, quelquefois violet. Glume comprimée, aiguë, à valves glabres, ciliées sur le dos, adhérentes inférieurement; valve calicinale glabre, à arête longue, hispidiuscule, naissant de sa base. ♃

Commun, au printems, dans les champs cultivés.

Vulpin bulbeux. *A. bulbosus.* L.

Racine bulbeuse. Chaume non couché, grêle, portant deux ou trois nœuds. Feuilles étroites, courtes, pointues, glabres; ligule membraneuse. Épi cylindrique, velu. Glume à valves libres, aiguës, à dos pubescent; valve calicinale glabre, tronquée; arête d'un vert noirâtre. ♃

Habite les prés salés des bords de la mer. Commun à Lheure près le Havre.

Vulpin genouillé. *A. geniculatus.* L.

Racine fibreuse, quelquefois rampante ou subbulbeuse. Chaume simple, couché à sa base, puis coudé, à nœuds nombreux. Feuilles à limbe plan très-court; ligule membraneuse. Panicule spiciforme, cylindrique, serrée. Glume à valves libres, obtuses, pubescentes, vertes au milieu, scarieuses aux bords; valve calicinale glabre; arête dépassant la balle, ou plus courte, ou nulle; anthères violettes. ♃

Var. α. *A. fulvus.* Smith. Tige glauque, anthères fauves; arête courte. = Habite les mares et les fossés : elle flotte parfois à leur surface.

PHLÉOLE. *Phleum.*

Glume uniflore, à deux valves tronquées terminées chacune par une arête courte. Calice bivalve, beaucoup plus petit, mutique. Épi.

Le nom français de ces graminées est tiré de la forme de leur épi comparée à celle du fléau des agriculteurs. Les Grecs appelaient φλεως un végétal qui nous paraît encore inconnu. C'est par erreur que des auteurs ont mentionné deux pointes sur chaque valve de la glume.

Phléole des prés. *P. pratense.* L.

Racine fibreuse. Chaume droit, s'élevant à un mètre. Feuilles larges, glabres, planes, à ligule membraneuse. Épi cylindrique, alongé. Glume à valves comprimées, ciliées et vertes sur le dos, blanches, scarieuses aux bords. ♃

Var. α. *P. nodosum.* Lin. Racine bulbeuse; chaume s'élevant de trois pouces à deux pieds; épi oblong, court, cylindrique ou ovoïde. = Cette espèce de graminée, fort abondante dans les prairies, est un excellent fourrage; les agronomes anglais, et à leur exemple les Français, la connaissent sous le nom de *Thymoty-Grass*. On peut la faucher deux fois par an et la faire encore pâturer à l'entrée de l'hiver.

PHALARIS. *Phalaris*. WILD.

Glume uniflore, à deux valves entières, aiguës, carénées, égales. Calice bivalve, plus petit que la glume, à valves mutiques. Panicule spiciforme ou épi.

Étymologie dérivée de φαλος, brillant, qui vient de φαα.

Phalaris des Canaries. *P. canariensis*. L.

Chaume rameux, s'élevant jusqu'à deux pieds. Feuilles longues, molles, glabres, les inférieures parfois pubescentes; gaînes longues, la terminale ventrue; ligule membraneuse. Épi ovoïde, alongé, imbriqué, panaché de vert et de blanc. Glume à valves carénées, glabres, à dos muni d'ailes membraneuses et à bords scarieux; valves calicinales glabres; glumelle cartilagineuse, pubescente, enveloppant la cariopse qui est blanchâtre? grise ou noire. ⊙

Var. α. Glumes pubescentes. = Je pense que c'est la *glumelle*, développée d'une manière anormale, qui est appliquée sur le fruit; car, dans ces graminées, on découvre trois enveloppes, dont l'interne paraît avoir été confondue avec le tégument de la semence. Le Phalaris des Canaries est cultivé dans quelques endroits sous le nom de *Graines des Canaries*. Il se trouve quelquefois parmi les céréales, et fleurit en juillet. Les tisserands emploient sa graine, dans quelques pays, pour encoller leurs tissus.

Phalaris phléole. *P. phleoides*. L.

Chaume s'élevant jusqu'à un mètre, glabre, d'un

vert rougeâtre. Feuilles courtes, les supérieures à gaîne très-longue. Panicule cylindrique, grêle, à pédicelles rameux. Glume à valves blanchâtres, lancéolées, aiguës, à dos légèrement cilié, sans ailes membraneuses; valves calicinales glabres, blanchâtres. ♃

Se découvre dans les prés et aussi dans les chemins des bois.

Phalaris des sables. ***P. arenaria.*** Dec.

Racine fibreuse. Chaume s'élevant de deux à quatre pouces. Feuilles à limbe excessivement court, la supérieure à gaîne renflée, contenant quelquefois les fleurs; ligule membraneuse. Panicule spiciforme, ovoïde, alongée. Glume à valves acérées, carénées, dont le dos porte des cils raides; valves calicinales fort petites, membraneuses, tronquées et fimbrillées au sommet. ⊙

Phleum arenarium. L. — Croît dans les sables de nos côtes maritimes, près du Havre et d'Honfleur.

IV°. *FESTUCACÉES.*

Valve calicinale externe concave, ordinairement aristée, l'interne bicarénée. Panicule.

FLOUVE. *Anthoxanthum.* L.

Glume bivalve, uniflore. Calice à deux valves aristées. Deux étamines. Panicule spiciforme.

Nom dérivé de ανθος, fleur, et de ξανθος, jaune.

Flouve odorante. *A. odoratum.* L.

Racine fibreuse, multicaule, odorante. Chaume simple, dressé, s'élevant de six à dix-huit pouces, garni de deux ou trois articulations. Feuilles courtes, étroites, planes, pubescentes, au nombre de deux ou trois ; ligule membraneuse. Panicule unique, longue, comprimée, de couleur jaunâtre ; pédicelles courts ; arêtes des valves calicinales dépassant à peine la glume. ♃

Cette plante habite les prairies sèches, les revers des côtes et les bois. Elle fleurit au printems et en été.

CANCHE. *Aira.* **L.**

Glume bivalve, scarieuse, glabre, à deux fleurs hermaphrodites. Calice bivalve, à valve extérieure aristée ; arête ordinairement basilaire et genouillée. Ovaire glabre. Panicule.

Ce nom vient de αιρω, je fais mourir. C'était celui que les Grecs donnaient à une graminée dangereuse, l'Ivraie, et à laquelle les botanistes ont conservé le nom de *Lolium* que lui imposèrent les Romains. Les Canches se reconnaissent facilement à leur glume scarieuse, glabre, transparente, qui donne une teinte argentée aux panicules.

Canche en gazon. *A. cœspitosa.* L

Chaume droit, ferme, rude, s'élevant jusqu'à un mètre. Feuilles planes, striées, à nervures hispides, rudes supérieurement, glabres, lisses en dessous ; ligule membraneuse, longue, aiguë, entière. Panicule vaste, à pédicelles fins, très-longs, semivertcillés, étalés, subhispides, rudes. Glume tachée de violet au milieu, jaunâtre au haut; valves calicinales dentées au sommet, environnées de poils; arête courte, droite, hispide, ne dépassant pas les valves. ♃

Var. α. *A. parviflora.* Thuill. Fleurs très-petites. — β. *A. vivipara.* Fleurs vivipares. = Cette Graminée n'a point son arête insérée à la base de la balle, comme le disent les auteurs, mais celle-ci part du milieu du dos. Elle fleurit dans les mois de mai et de juin, et se plaît dans les lieux humides, ombragés.

Canche flexueuse. *A. flexuosa.* L.

Chaume grêle, droit, rougeâtre ordinairement. Feuilles peu nombreuses, à limbe enroulé, sétacé, court et glabre; ligule membraneuse, bifide, à divisions obtuses. Panicule très-étalée, peu fournie, à pédicelles grêles, sinueux, hispides, purpurins. Glume glabre, scarieuse, mince, purpurine inférieurement; calice environné de poils à sa base, à valves hispidiuscules, à sommet aigu, à bord entier; arête sétacée, genouillée, hispide, saillante, brune, deux fois aussi longue que la fleur. ♃

Var. α. *A. discolor.* Thuill. Panicule resserrée; balle totalement violette. — Croît dans les broussailles des coteaux secs, les terrains crayeux et dans les bois découverts. Fleurit en juin et juillet.

Canche caryophyllée. *A. caryophyllea.* L.

Chaume droit, grêle, s'élevant de cinq à dix pouces. Feuilles à limbe court, roulé, au nombre de deux ou trois sur la tige; ligule membraneuse, entière, longue, obtuse. Panicule pauciflore, à divisions ordinairement trichotomes, divariquées. Glume scarieuse, vaste, renflée, blanche, luisante; calice environné de poils courts, à valve externe bifide, hispide; arête hispide, deux fois aussi longue que la glume, coudée, insérée un peu plus bas que le milieu de la valve. ☉

Cette graminée, commune dans les bois, fleurit en mai; elle préfère les terrains arénacés.

Canche blanchâtre. *A. canescens.* L.

Plante glauque, touffue, en gazon. Chaume articulé, s'élevant rarement à un pied. Feuilles hispidiuscules, roulées, sétacées, à extrémité pointue, raide, la supérieure à gaîne longue, renflée, spathiforme, renfermant les jeunes fleurs; ligule membraneuse, longue, aiguë, entière. Panicule resserrée, spiciforme. Glume acérée, scarieuse, transparente, blanchâtre, verte en bas; calice moitié plus court qu'elle, dépourvu de poils à sa base; arête coudée, ne dépassant pas la glume, à extrémité claviforme, soutenue sur un pied purpurin fimbrillé à son extrémité; anthères violettes. ☉

Corynephorus canescens. Beauv. — Se trouve dans les lieux arénacés. Fleurit en juin et juillet.

Canche précoce. *A. præcox.* L.

Chaume ne s'élevant que de deux à cinq pouces, grêle, filiforme. Feuilles sétacées, courtes, vertes, glabres ; deux feuilles caulinaires seulement, la supérieure à gaîne dilatée ; ligule devenant bifide, à divisions aiguës. Panicule spiciforme, subovoïde, pauciflore, d'un vert blanchâtre varié de roux. Glume glabre, seulement hispidiuscule sur le dos ; calice à valves acérées, l'externe bifide ; arête sétacée, hispide, coudée, très-saillante, dépassant la glume, insérée vers le milieu de la valve. ⊙

Elle vient dans les chemins et les lieux sablonneux, surtout quand ils sont humides : près des Chartreux, au Petit-Quevilly. Dans cette graminée, l'arête n'est point insérée à la base de la valve calicinale, mais sur le dos, un peu au-dessous du milieu ; c'est ce qui nous a engagé à modifier la description générique des auteurs.

AVOINE. *Avena.* L.

Glume bivalve, multiflore, à fleurs hermaphrodites ou seulement unisexes. Calice à deux valves, l'externe portant sur le dos une arête genouillée, ordinairement torse. Ovaire velu. Panicule.

La glume des Avoines renferme deux à huit fleurs. Ce nom générique est dérivé du celtique *etan*, qui signifie manger. Toutes ces plantes fleurissent dans les mois de juin et de juillet.

Glume à deux ou trois fleurs polygames, dissemblables. **Holcus.** L.

Avoine laineuse. *A. lanata.* Kœl.

Chaume dressé, velu en haut, s'élevant de deux à trois pieds. Feuilles larges, molles, planes, pubescentes, à gaîne tomenteuse. Panicule un peu étalée, d'une couleur blanchâtre mêlée de violet. Pédicelles très-fins, pubescens. Glume courte, à valves lancéolées, carénées, l'interne plus large, trinervée, l'externe pubescente, principalement sur les nervures; deux fleurs, dont une hermaphrodite, plus grosse, mutique, l'autre mâle, aristée, pédicellée; valve calicinale externe luisante, glabre; arête courte, courbée en crochet, lisse, presque incluse. ♃

Holcus lanatus. L. — Commune dans les prairies.

Avoine molle. *A. mollis.* Dec.

Chaume coudé inférieurement, glabre, s'élevant environ à deux pieds; articulations velues. Feuilles à limbe large, plane, paraissant glabres à l'œil nu, mais légèrement pubescentes à la loupe; gaîne pilosiuscule. Panicule resserrée, spiciforme, d'un blanc sale mélangé de violet. Glume à valves lancéolées, carénées, l'interne plus grande, trinervée, l'externe uninervée, glabre, seulement hispide sur les nervures, contenant deux fleurs, dont une, femelle ou hermaphrodite, aristée, et l'autre, toujours hermaphrodite, mutique; valve calicinale externe petite, lisse, luisante; arête géniculée, longue, saillante. ♃

Holcus mollis. L. — Cette plante se trouve parmi les moissons dans les localités sèches.

Avoine élevée. *A. elatior.* L.

Racine fibreuse, rampante. Chaume dressé, s'élevant de trois à quatre pieds, à nœuds glabres.

Feuilles glabres, striées; gaîne lisse; ligule membraneuse, courte, tronquée. Panicule longue, lâche, étroite, à sommet droit, à pédicelles hispides; épilets polygames, ordinairement de deux fleurs, l'une hermaphrodite, fertile, à arête courte, l'autre mâle, stérile, longuement aristée. Glume luisante, verdâtre ou violette, à valves lancéolées, subégales, seulement hispidiuscules sur la nervure médiane; valves calicinales pubescentes, l'externe aussi longue que la glume, à sommet aigu, l'interne ordinairement bifide; arête hispide. ♃

Var. α. *A. bulbosa.* Willd. Racine tuberculeuse, moniliforme. = Nommée aussi ***Fromental,*** cette espèce s'emploie souvent pour la confection des prairies artificielles. Elle vient communément dans les champs.

* * *Glumes contenant deux à sept fleurs hermaphrodites, ordinairement toutes aristées.* **Avena.** L.

Avoine jaunâtre. *A. flavescens.* L.

Chaume grêle, d'environ un pied et demi de hauteur. Feuilles pubescentes, principalement en dessus; gaînes inférieures pubescentes, les supérieures glabres; ligule membraneuse, tronquée, très-courte. Panicule alongée, serrée, à pédicelles lisses, laineux, à épilets jaunes, luisans, petits, contenant deux ou trois fleurs hermaphrodites, toutes aristées. Glume inéquivalve, lancéolée; calice saillant, subéquivalve, à pédicelle pubescent, terminé par un prolongement sans fleur; valves calicinales bifides au sommet, l'externe très-acérée, portant une arête sétacée, longue, hispide. ♃

Habite les prairies et les collines sèches, les terrains siliceux, où elle est très-commune.

Avoine des prés. *A. pratensis.* L.

Chaume coudé en bas, très-grêle, droit, raide, haut d'environ un pied et demi, presque nu. Feuilles à limbe roulé, glabre, les supérieures excessivement courtes. Panicule spiciforme, distique, pauciflore, à pédicelles ordinairement très-courts, quelquefois presque nuls, solitaires, et n'ayant qu'un épilet ovale, aplati, contenant quatre à six fleurs variées de violet et de blanc. Glume glabre, scabre; valves calicinales glabres, l'externe comme chagrinée, à sommet déchiré, à arête longue, divariquée, hispide, torse à sa base. Support des calices portant des houppes de poils vers l'insertion des valves. ♃

Se rencontre dans les prés. Fleurit en juillet. Je l'ai trouvée à Oissel.

Avoine pubescente. *A. pubescens.* L.

Chaume s'élevant de deux à trois pieds. Feuilles inférieures à limbe et à gaîne pubescens, les supérieures glabres; ligules membraneuses, les supérieures très-longues, aiguës. Panicule un peu resserrée; épilets grands, bi ou triflores. Glume à valves scarieuses, inégales, lancéolées, glabres, seulement hispides sur la nervure médiane; valves calicinales inégales, scabres, l'externe aristée et à sommet fimbrillé, l'interne bidentée; arête sétacée, hispide, noirâtre au sommet; pédicelle prolongé au-delà des fleurs, et muni de longues soies. ♃

Commune sur les collines, dans les terrains siliceux.

Avoine rameuse. *A. racemosa.* Thuill.

Chaume de deux à trois pieds de haut, très-gros, droit. Feuilles larges, striées, glabres. Panicule très-ample; pédicelles simples ou rameux, hispides; épilets unilatéraux, nombreux, biflores, mutiques, ou dont une seule des fleurs est aristée, à arête subrectiligne; semences lisses. ○

A. orientalis. Willd. — Cette espèce est cultivée pour nos usages.

Avoine nue. *A. nuda.* L.

Chaume ne s'élevant guère qu'à deux pieds. Glume triflore, à valves plus courtes que les calices; barbe droite ou divergente, non tortillée; troisième fleur mutique; valves calicinales divergentes, caduques à la maturité. ⊙

Cette espèce fleurit en juin. On la cultive aussi pour nos usages domestiques; elle donne de meilleur gruau que la suivante.

Avoine cultivée. *A. sativa.* L.

Chaume droit, glabre, ferme, haut de deux à trois pieds. Feuilles larges, glabres, rudes. Panicule extrêmement lâche, pauciflore, à pédicelles simples ou rameux; épilets pendans, à deux fleurs fertiles. Glume striée, verdâtre, à bords blancs, dépassant les calices; arête calicinale longue, roussâtre; semences alongées, naviformes, lisses. ⊙

A. disperma. Mill. — Var. α. *Nigra.* Graines noires. — β. *Alba.* Graines blanches. = Cette plante perd souvent ses arêtes par la culture; ses graines, qui sont un des principaux alimens des chevaux, sont, dans quelques contrées, employées aussi à la confection du pain.

Avoine follette. *A. fatua.* L.

Chaume s'élevant de trois à quatre pieds. Feuilles longues, larges, ordinairement glabres. Panicule très-ample, étalée, à pédicelles semiverticillés, hispides; épilets à deux ou trois fleurs longuement aristées; valves calicinales plus courtes que la glume, et revêtues à leur base de poils roux; arête tortillée; cariopse à base très-velue. ⊙

Var. α. *A. sterilis.* L. Organes plus développés que dans l'espèce, épilets à cinq fleurs. = L'Avoine follette est aussi connue sous les noms d'*Averon*, d'*Avoine molle*, de *Folle Avoine;* elle se trouve dans les lieux cultivés, et fleurit en juin.

ROSEAU. *Arundo.* **L.**

Panicule polygame. Glume bivalve, uniflore ou polyflore, environnée de poils soyeux extrêmement longs. Fleurs supérieures hermaphrodites, à calice bivalve, les inférieures mâles ou stériles. Panicule.

Arundo est dérivé du celtique *aru*, qui veut dire eau.

Roseau commun. *A. phragmites.* L.

Racine rampante. Chaume droit, s'élevant de quatre à six pieds. Feuilles larges, pointues, à bords scarieux, denticulés, coupans, la terminale roulée dans les jeunes tiges; ligule peu apparente. Panicule vaste, dense d'abord, puis lâche, de couleur jaune noirâtre, à pédicelles semiverticillés, hispides; épilets subulés. Glume ordinairement triflore. ♃

Var. α. *Gracilis.* Mer. Ne s'élève guère qu'à un pied et demi. = Abonde dans les fossés; la variété, dans les eaux vives Fleurit en août. Les racines du Roseau commun passent pour sudorifiques; les sommités de cette plante donnent une teinture verte. Les jeunes feuilles peuvent servir de fourrages aux bestiaux.

Roseau noirâtre. *A nigricans.* Mer.

Chaume droit, de deux à trois pieds. Feuilles larges, glauques, à bords scarieux, subdenticulés; ligule velue; panicule longue, d'un violet noir, à pédicelles non hispides; épilets longs, filiformes, subulés. Glume inéquivalve, uniflore, très-acérée, à poils non saillans; calice à deux valves, dont une, plus grande, est roulée en cornet et enveloppe l'autre. ♃

Var. α. Très-longues soies semiverticillées aux bifurcations des pédicelles. = Se trouve dans les bois un peu humides; la variété à Bardouville; fleurit en été. M. Palissot de Beauvois pense que cette espèce est le mâle du Roseau commun qui ne serait qu'une femelle. J'adopte cette opinion, car, dans plusieurs de ces plantes que j'ai disséquées, je n'ai trouvé que des étamines sans rudiment d'ovaire.

SESLERIE. *Sesleria* Scop.

Glume bivalve, biflore ou triflore. Calice à valve externe à sommet tridenté ou quadridenté, terminé par une arête courte, l'interne bidentée; point de bractées calicinales. Épi.

Genre dédié au botaniste Léonard Sesler.

Seslerie bleue. *S. cœrulea.* Ard.

Chaume rameux à sa base, s'élevant de six à dix-huit pouces. Feuilles étroites, pliées en deux, obtuses, à bords scarieux, denticulés, les inférieures touffues, les supérieures très-courtes. Épi ovoïde, bleu verdâtre, muni à sa base de petites bractées scarieuses; épilets comprimés. Glume équivalve, aiguë, membraneuse; calice saillant à valves subégales, hispides, tronquées, l'externe à trois ou quatre dents, et portant au sommet une arête très-courte, hispide, l'interne plissée, bidentée; stigmates fort longs. ♃

Cynosurus cœruleus. L. — Croît dans les bois. Fleurit au printems.

CYNOSURE. *Cynosurus.* Mœnch.

Glume bivalve, multiflore, environnée d'une bractée pectinée. Calice bivalve, à arête courte. Épi.

Ce nom vient de κυνος, chien, et de ουρα, queue; l'épi

de ces plantes ayant une forme que l'on a comparée à celle de l'extrémité caudale de cet animal.

Cynosure à crête. *C. cristatus.* L.

Chaume d'environ deux pieds de haut, simple et glabre. Feuilles étroites, glabres, peu nombreuses, à limbe un peu roulé ; bractées formées d'un axe sur lequel sont implantées de petites folioles hispides. Épi alongé, unilatéral, à épilets comprimés, contenant trois à cinq fleurs. Glume subéquivalve, à valves lancéolées, étroites, à bords membraneux ; valves calicinales dont l'externe est hispide, à arête courte, terminale, droite, l'interne aiguë, entière. ♃

Commune dans les prairies sèches. Fleurit en juin et juillet.

DACTYLE. *Dactylis.* **L.**

Glume bivalve, multiflore, à valves inégales, carénées, aiguës. Calice à deux valves inégales, l'externe carénée, aristée, l'interne bicarénée, bidentée.

Dactyle vient de δακτυλος, doigt, d'après une comparaison forcée de l'inflorescence de ces plantes avec la disposition des doigts humains.

Dactyle aggloméré. *D. glomerata.* L.

Chaume simple, haut d'environ deux pieds, finement strié. Feuilles inférieures larges, planes, les caulinaires étroites ; gaîne scabre ; ligule membraneuse, obtuse. Panicule à divisions primitives très-longues et divergentes, portant les épilets agglomérés en masse à leur extrémité. Glume lancéolée, aiguë, courte, membraneuse, subglabre, contenant trois à cinq fleurs ; valve calicinale externe carénée, hispide, à nervure médiane prolongée en arête courte ; l'interne bicarénée, à sommet bidenté. ♃

Cette graminée est extrêmement commune dans les prés.

FÉTUQUE. *Festuca.* L.

Glume bivalve, multiflore. Calice à deux valves aiguës, l'externe ordinairement aristée, l'interne souvent bidentée, plus petite ; arête terminale ; stigmate situé au sommet de l'ovaire. Panicule.

Étymologie dérivée du celtique *fest*, qui signifie pâture, aliment, mot dont les Français ont fait *feste*, festin. Dans ce genre, la glume contient de trois à quinze fleurs.

Arêtes très-longues. **Myurus.** Casv.

Fétuque queue-de-rat. *F. Myurus.* L.

Chaume glabre s'élevant de six pouces à un pied. Feuilles radicales à limbe roulé, sétacé, les caulinaires l'ont plane, très-court ; ligule membraneuse. Panicule grêle, spiciforme, arquée, souvent plus longue que la tige ; pédicelles fort courts ; épilets unilatéraux, ordinairement solitaires. Glume à valves très-inégales, acérées ; valve calicinale externe hispidiuscule, à arête droite, hispide, presque deux fois plus longue qu'elle, l'interne aiguë, bifide. ♃

Vient sur les murailles et les endroits caillouteux. Fleurit en juin.

Fétuque brome. *F. bromoides.* L.

Chaume coudé. Feuilles capillaires ; ligule non membraneuse, munie d'une tache brune. Panicule droite, à pédicelles comprimés, dilatés, ordinairement solitaires ; épilets contenant trois à cinq fleurs. Glume à valves très-inégales, l'une rudimentaire, l'autre aristée ; calice à valves glabres à la base, hispides au sommet, l'externe à arête sétacée, hispide, presque deux fois aussi longue qu'elle. ⊙

Vient dans les bois. Fleurit au milieu de l'été.

Arêtes courtes ou nulles. **Festuca.** Dec.

Fétuque des brebis. *F. ovina.* L.

Racine chevelue, noirâtre. Chaume filiforme, droit, nu, subtétragone au sommet, ne s'élevant que de six à dix pouces. Feuilles à limbe roulé, filiforme, glabre ou hispidiuscule, glauque. Panicule grêle, spiciforme, droite, serrée, presque unilatérale, à divisions inférieures seulement ramifiées. Fleurs petites, verdâtres ou violettes, glabres. Glume à valves inégales, acuminées, renfermant quatre à six fleurs ; calice à valve externe glabre ; arête beaucoup plus courte qu'elle ; valve interne bicarénée, bifide au sommet, à nervures hispides. ♃

Var. α. *F. tenuifolia.* Chev. Feuilles capillaires ; arête nulle. = Cette plante, recherchée par les moutons, forme des touffes épaisses dans les bruyères et les lieux sablonneux, ainsi que sur les montagnes arides. Elle fleurit au milieu de l'été. Les *F. vivipara.* Smith, *amethystina.* Host. n'en sont que des variétés.

Fétuque hétérophylle. *F. heterophylla.* Lam.

Chaume de deux pieds environ. Feuilles radicales longues, sétacées, glabres, vertes, à bords roulés, les caulinaires planes, trois ou quatre fois plus larges. Panicule alongée, rameuse, lâche, presque unilatérale, à épilets lancéolés, de cinq à six fleurs glabres, vertes. Valve calicinale externe glabre, à arête droite aussi longue qu'elle. ♃

F. nemorum. Leyss. — Elle croît dans les bois et dans les prairies.

Fétuque rougeâtre. *F. rubra.* L.

Racine rampante. Gramen glauque, s'élevant à un pied et demi environ. Chaume lisse, glabre. Feuilles radicales sétacées, étroites, à bords roulés, les caulinaires presque planes, pubescentes supérieurement, glabres en dessous. Panicule lâche, longue d'environ trois pouces, à pédicelles géminés, hispides; épilets de quatre à six fleurs glabres, glauques, rougeâtres. Glume inéquivalve; valves calicinales glabres, l'externe aristée; arête assez longue. ♃

Var. *β. Nigrescens.* Lam. Panicule à épilets d'un violet noirâtre. = La Fétuque rougeâtre est très-commune.

Fétuque dure. *F. duriuscula.* L.

Racine fibreuse. Chaume ne dépassant guère dix pouces. Feuilles radicales sétacées, très-courtes, raides, étroites, canaliculées, ployées en deux, pubescentes supérieurement, et glabres en dessous, aiguës à l'extrémité, les caulinaires plus larges et glabres. Panicule rameuse, lâche, penchée, violette, à épilets de cinq ou six fleurs aristées. Glume subéquivalve, aiguë; valve calicinale externe glabre, à arête hispide, l'interne bicarénée, à nervures hispides. ♃

Var. α. *F. cinerea.* Willd. Panicule étalée; valves calicinales totalement pubescentes. — Elle habite les prés secs, et fleurit en été.

Fétuque glauque. *F. glauca.* Lam.

Gramen totalement glauque. Chaume glabre. Feuilles inférieures presque planes, linéaires, raides, aussi longues que la tige ou plus courte qu'elle. Panicule comprimée, courte, lâche, à épilets de quatre à six fleurs ordinairement unilatérales. Valve calicinale externe glabre, scabre, aristée; arête terminale, hispide, ayant à peine le tiers de sa longueur; valve interne bicarénée, bidentée, à nervures ciliées. ♃

Elle vient dans les bois dont le terrain est sec, arénacé, à Tourville.

Valves calicinales ovales, subaiguës. **Poæiodes.** Chev.

Fétuque élevée. *F. elatior.* L.

Chaume élevé de deux à quatre pieds. Feuilles larges, planes, glabres, rudes en dessus; gaînes glabres; ligule membraneuse, très-courte. Panicule grêle, ordinairement unilatérale, à pédicelles étalés. Glume inéquivalve, aiguë, contenant cinq à neuf fleurs variées de violet et de vert ; valves calicinales ovales, l'externe lisse, glabre, à sommet obtus, scarieux, aristé, l'interne entière, aiguë, presque bidentée à son sommet, et hispide sur ses deux nervures ; arête hispide, moitié plus courte que la valve. ♃

Var. α. *F. mutica.* Chev. Calice mutique. — Cette Fétuque se trouve dans les prairies humides.

Fétuque des prés. *F. pratensis.* Thuill.

Chaume d'un à deux pieds de hauteur. Feuilles étroites, planes, sublinéaires, aiguës, glabres. Panicule presque simple, seulement rameuse à la base, et lâche ; épilets oblongs, contenant huit ou neuf fleurs parfois rougeâtres au sommet. Valves calicinales mutiques, glabres, à bords scarieux. ♃

Var. α. *F. fallax.* Valve calicinale externe subaristée. — Vient dans les prés, et fleurit vers le milieu de l'année.

Fétuque fausse ivraie. *F. loliacea.* Curt.

Chaume ne portant qu'une à trois feuilles planes, linéaires, glabres. Panicule simple et droite, de douze à quinze épilets, presque sessiles, solitaires, alternes, distiques. Glume striée, contenant sept à onze fleurs subsessiles ; calice à valves lisses, scarieuses aux bords, mutiques. ♃

F. phœnix. Thuill. — Cette graminée ressemble par son port à l'Ivraie. Elle croît dans les champs, et fleurit en juin.

Fétuque sans arête. *F. inermis.* Dec.

Racine rampante. Chaume d'environ deux à trois pieds, glabre, à nœuds purpurins. Feuilles larges, striées, planes, scabres; ligule nulle. Panicule étalée, à pédicelles aplatis ou triangulaires, hispides, à épilets droits, grêles, comprimés, formés de huit à quinze fleurs glabres. Glume bivalve, courte, striée; valves calicinales ovales, aiguës, l'externe glabre, scarieuse au sommet, ordinairement mutique ou ayant une arête courte, dorsale ou terminale, l'interne bicarénée, entière, aiguë au sommet, à nervures non ciliées, seulement hispides à la loupe. ♃

F. poæoides. Thuill. *Bromus inermis.* L. — Se trouve dans les prés humides des environs du Havre.

Valve calicinale externe tridentée. **Triodia.** Brow.

Fétuque tombante. *F. decumbens.* L.

Racine stolonifère. Tige rameuse, droite, presque nue, inclinée au sommet. Feuilles étroites, légèrement roulées et un peu villeuses, à gaînes pubescentes; ligule pubescente, à deux houppes de poils latérales. Panicule simple, spiciforme, pauciflore, portant quatre à dix épilets solitaires ou géminés, à fleurs d'un vert blanchâtre ou légèrement violettes. Glume grande, ovoïde, obtuse, glabre, scarieuse; valves calicinales ne dépassant pas la glume, munies d'une houppe pileuse à leur base, l'externe tridentée au sommet, l'interne à deux nervures hispidiuscules. ♃

Triodia decumbens. Beauv. *Danthonia decumbens.* Dec. —Croît dans les forêts et dans les pâturages secs. Elle fleurit en juin.

BROME. *Bromus.* L.

Glume à deux valves égales, multiflore. Calice à deux valves, l'externe plus grande, munie d'une arête droite, naissant un peu au-dessous de son sommet ordinairement échancré, l'interne plissée, entière, concave en dehors, et à deux nervures ciliées; stigmate non terminal. Fleurs en panicule.

Ce genre, très-voisin des Fétuques, porte un nom que les Grecs donnèrent à une espèce d'avoine sauvage. Ce n'est point sur les bords que se trouvent placés les cils de la valve calicinale, mais bien sur les deux nervures latérales, les bords étant pliés en dedans. Dans les Bromes, la glume contient de cinq à dix-huit fleurs.

Brome seigle. *B. secalinus.* L.

Chaume simple, glabre, s'élevant de deux à trois pieds, ordinairement muni de trois à six nœuds renflés, olivâtres. Feuilles pubescentes en dessus, à limbe plane; gaîne striée et glabre; ligule membraneuse, courte, obtuse. Panicule étalée, penchée, pauciflore, à quatre à six pédicelles semiverticillés, ne portant ordinairement qu'un épilet comprimé, distique, de six à huit fleurs subcylindriques, glabres. Glume à valves ovales, subobtuses; calice à valve externe ovale, glabre, à sommet bifide, scarieux, l'interne bicarénée, obtuse, ciliée; arête hispide. ⊙

Se trouve dans les moissons, souvent mélangé au seigle.

Brome mollet. *B. mollis.* L.

Chaume dressé, haut de douze à dix-huit pouces, à nœuds pubescens. Feuilles à limbe pubescent; gaînes velues, surtout les inférieures. Panicule pauciflore, droite, resserrée, à pédicelles pubescens, courts, souvent simples, surtout dans le haut; épilets velus, ovoïdes, de cinq à huit fleurs imbriquées. Glume ovale, aiguë, pubescente; valve calicinale externe pubescente, scarieuse aux bords, et bifide au sommet, l'interne obtuse, membraneuse, glabre, à deux nervures ciliées; arête droite, hispide, plus longue que la fleur. ⊙

Cette espèce, confondue avec le Brome seigle par quelques auteurs, s'en distingue par ses dimensions moitié moins considérables et par la pubescence de ses fleurs. Elle croît dans les endroits secs et arides, le long des chemins, et fleurit tout l'été.

Brome épais. *B. grossus.* Desf.

Chaume glabre, à nœuds glabres, renflés. Feuilles à limbe pubescent, à gaîne velue. Panicule penchée, à pédicelles semiverticillés, divisés ou simples, glabriuscules; épilets courts, gonflés, formés de quatre à huit fleurs. Glume et calice pubescens; arête courte, droite, égalant la glume. ♃

Il fleurit au milieu de l'été. La lisière des chemins, les lieux stériles, sont les localités qu'il préfère.

Brome multiflore. *B. multiflorus.* Roth.

Chaume rameux à la base, glabre, à deux ou trois nœuds pubescens, purpurins, haut d'environ deux pieds. Feuilles molles, à limbe glabre; gaîne pubescente. Panicule redressée, à pédicelles inférieurs géminés; épilets alongés, lancéolés, resserrés, de huit à douze fleurs. Valve calicinale externe pubescente, à bords scarieux; arête divergente, droite. ☉

B. secalinus. Leers. — Cette espèce se rapproche du Brome seigle et du Brome mollet; mais ses caractères, étudiés avec soin, la font facilement isoler de ces deux plantes.

Brome des champs. *B. arvensis.* L.

Chaume glabre, s'élevant environ à deux pieds. Feuilles pubescentes, les inférieures planes, les supérieures courtes. Panicule ample, étalée, à pédicelles très-longs, rameux, flexueux, subglabres, déviés d'un côté; épilets oblongs, lancéolés, comprimés, dressés, glabres, de cinq à huit fleurs imbriquées, colorées ordinairement en pourpre noirâtre. Glume inéquivalve; valve calicinale externe glabre, échancrée au sommet, l'interne membraneuse, obtuse, entière; arête droite, non terminale, noirâtre, de la longueur des valves. ☉

Il fleurit en juin. Abonde dans les prairies et dans les champs cultivés.

Brome des prés. *B. pratensis.* Kœl.

Chaume élevé d'un à deux pieds. Feuilles velues;

gaînes inférieures pubescentes. Panicule droite, étalée, à pédicelles courts, hispides, simples ou rameux, dont les épilets sont glabres, lancéolés, comprimés, contenant cinq à huit fleurs. Valve calicinale externe ordinairement violette, et à sommet à deux dents très-courtes; arête de la longueur du calice. ⊙

Habite les prairies. Selon M. Raspail, les *B. pratensis*, *grossus*, *mollis* et *secalinus*, ne sont que des variétés d'une même espèce.

Brome droit. *B. erectus*. Huds.

Chaume droit, simple, glabre, presque nu, de deux à trois pieds d'élévation. Feuilles presque toutes radicales, linéaires, canaliculées, pubescentes, à poils rares, les supérieures courtes, plus larges; gaînes ordinairement munies de poils peu abondans. Panicule droite, raide, resserrée, à pédicelles presque simples; épilets alongés, aplatis, contenant six à dix fleurs linéaires, purpurines. Valve calicinale externe très-alongée, obtuse, glabre, seulement hispide sur la nervure médiane, l'interne entière, à nervures hispides; arête terminale moitié plus courte que le calice. ⊙

B. angustifolius. Schra. — Commun dans les champs. Fleurit dans l'été. Rarement le sommet de la valve calicinale externe est bifide; cela n'a lieu que quand, par le progrès de la végétation, la partie scarieuse se déchire et se sépare de la base de l'arête.

Brome stérile. *B. sterilis*. L.

Chaume haut de douze à quatorze pouces, souvent

coudé à sa base. Feuilles planes, les supérieures glabres, striées, les inférieures pubescentes. Panicule étalée, à pédicelles très-longs, hispides, raides, semiverticillés, ne portant ordinairement qu'un épilet très-aplati, distique, ordinairement pendant, contenant cinq à dix fleurs. Glume à valves inégales, sétacées; valve calicinale externe glabre ou hispide, à sommet à deux dents très-longues, étroites et aiguës; valve interne linéaire, bicarénée, ciliée, à arête subterminale, striée, hispide, extrêmement longue et droite. ⊙

Commun dans les décombres, le long des murs et dans les endroits stériles.

Brome des toits. *B. tectorum.* L.

Chaume grêle, élevé d'environ dix pouces. Feuilles larges, planes, toutes pubescentes; ligule membraneuse, courte. Panicule penchée d'un côté, à divisions flexueuses, multiflores, pubescentes, à épilets linéaires, alongés, subcylindriques, pubescens, penchés, contenant cinq à sept fleurs déviées d'un seul côté. Glume à valves inégales, acuminées; valve calicinale externe pubescente, blanchâtre, à bords scarieux, terminée par deux dents longues et aiguës; valve interne longuement ciliée; arête non terminale, sétacée, hispide. ♂

Il se découvre dans les lieux stériles, et souvent sur les vieux murs et les toits en chaume. Ce Brome, regardé comme une variété du *B. sterilis*, par quelques botanistes, fleurit au printems.

Brome velu. *B. hirsutus.* Curt.

Chaume robuste, ferme, s'élevant jusqu'à deux mètres. Feuilles longues, planes, pubescentes en dessus, glabres en dessous, avec une nervure blanchâtre; gaînes inférieures velues, à poils raides dirigés en bas. Panicule très-étalée, à pédicelles pendans, très-longs, géminés ou solitaires, hispides, à épilets lancéolés, grêles, pubescens, contenant huit à dix fleurs d'un violet noirâtre ou vertes. Valve calicinale externe lancéolée, à sommet bidenté, l'interne entière, à cils très-courts; arête non terminale, hispide, beaucoup moins longue que le calice. ♃

B. asper. L. *Festuca aspera.* Mer. — Il croît principalement dans les forêts ombragées.

Brome élancé. *B. strigosus.* Chev.

Chaume grêle, ne s'élevant pas au-delà d'un mètre, lisse, glabre. Feuilles larges, striées, glabres, planes, à bords rudes. Panicule droite, à pédoncules longs, anguleux, hispides, géminés; épilets très-petits, relevés, contenant quatre à six fleurs, glabres, glauques. Glume à valves subégales; valve calicinale externe lancéolée, à sommet bidenté, l'interne entière, alongée, à nervures à cils extrêmement courts; arête très-grêle, non terminale, hispide, flexueuse, blanche, deux fois plus longue que le calice. ♃

B. giganteus. L. *Festuca gigantea.* Willd. — C'est à tort que ces deux derniers Bromes ont été mis parmi les Fétuques.

Le Brome grêle se trouve dans les bois-taillis. Il fleurit en juillet.

MÉLIQUE. *Melica.* L.

Glume bivalve, bi ou triflore, contenant seulement une ou deux fleurs hermaphrodites. Calice bivalve, ventru, petit. Panicule.

Cette dénomination générique a une étymologie assez obscure; elle vient peut-être de *Melliga*, nom italien d'une graminée dont l'intérieur du chaume a le goût du miel.

Mélique uniflore. *M. uniflora.* L.

Racine rampante. Chaume droit, s'élevant environ à dix-huit pouces. Feuilles planes, alongées, glabres; gaîne anguleuse; ligule offrant une languette membraneuse, aiguë. Panicule très-lâche, pauciflore; pédicelles filiformes, fort longs, ne portant souvent qu'un épilet. Glume à deux fleurs, une stérile, et l'autre fertile, à valves larges, peu aiguës, glabres, violettes; valves calicinales glabres, non ciliées, l'externe ovoïde, très-ample, l'interne beaucoup plus petite, bicarénée, à nervures nues. ♃

Croît dans les bois couverts. Fleurit au printems.

Mélique ciliée. *M. ciliata.* L.

Chaume droit, rameux, s'élevant à deux pieds environ. Feuilles étroites, glabres, scabres, à bords un peu enroulés, à extrémité subulée; ligule oblongue, bifide. Panicule longue, étroite, spiciforme; épilets biflores. Glume à valves pointues, membraneuses, lisses, luisantes, jaunâtres; valve calicinale externe aiguë, glabre, mais à bords ciliés de poils soyeux extrêmement longs, l'interne plus petite, bidentée, binervée, glabre, à nervure hispide. ♃

Var. α. Panicule rameuse. = Se trouve aux Andelys.

BRIZE. *Briza.* L.

Glume équivalve, naviculaire. Calice imbriqué, mutique, à valve externe naviculaire, plus large que longue, très-obtuse, scarieuse aux bords. Panicule.

Ce nom vient de βριθω, je balance, à cause de la mobilité des épilets.

Brize à gros épilets. *B. maxima.* L.

Chaume d'environ un pied d'élévation. Feuilles glabres, scabres, à gaîne quelquefois pubescente. Panicule formée de deux à sept épilets extrêmement grands, contenant cinq à quinze fleurs, ordinairement pendantes et panachées de vert et de blanc; pédicelles presque toujours simples. Glume ovale; valve calicinale externe ample, concave, aiguë, pubescente, l'interne très-petite, ovale, subplane. ⊙

Cette plante vient en Provence. Elle a été semée par M. Dubreuil, derrière Saint-Aignan.

Brize vulgaire. *B. media.* L.

Chaume d'environ deux pieds, purpurin en haut. Feuilles étroites, glabres, planes, à bords denticulés, la supérieure à limbe très-petit, éloignée des fleurs;

ligule membraneuse, très-courte. Panicule lâche, à pédicelles géminés, capillaires, subhispides, purpurins, ondulés; épilets subcordiformes, très-aplatis, penchés, bigarrés de pourpre, composés de cinq à huit fleurs glabres. Glume violette, à bords scarieux; calice à valve externe très-concave, entière, à bords larges, scarieux; valve interne beaucoup moins large, ovalaire, bicarénée, alongée, membraneuse, entière. ♃

Elle se plaît sur les pelouses. Son nom vulgaire de *gramen tremblant* lui vient de ses épilets que le moindre vent fait vaciller.

Brize verdâtre. *B. virens.* Lam.

Feuilles larges, glabres, la supérieure vaste, spatiforme, enveloppant la panicule; ligule membraneuse, très-longue; épilets trigones, comprimés, nombreux, petits, verts, contenant trois à six fleurs; pédicelles filiformes, hispides, verts. Glume à sommet entier, embrassant les fleurs; calice à valve externe bossue, excessivement large, glabre, à sommet déprimé en dedans, l'interne beaucoup plus petite, ovale, membraneuse. ⊙

B. minor. L. — Elle croît dans les champs des environs de Bolbec. Fleurit en été.

PATURIN. *Poa.* L.

Glume bivalve. Calice bivalve, à valves mutiques, ordinairement obtuses et carénées, non cordiformes, à marges scarieuses. Panicule.

Les épilets des Paturins contiennent de deux à vingt

fleurs. Ces graminées sont les plus communes des prairies, et elles font la base de l'aliment qu'y trouvent les bestiaux qui les fréquentent; leur nom vient de ποα, herbe, pâture, qui est dérivé de παω, je pais. Elles fleurissent en juin et juillet.

Épilets oblongs, distiques. **Megastachya.** Chev.

Paturin raide. *P. rigida.* L.

Chaume raide, droit ou coudé, ordinairement de trois à dix pouces d'élévation. Feuilles étroites, aiguës, glabres; ligule membraneuse, denticulée; gaîne glabre. Panicule spiciforme, à pédicelles anguleux, excessivement courts, raides, simples ou à divisions fort peu nombreuses; épilets de cinq à douze fleurs alternes, distiques. Glume à valves égales, aiguës, glabres; valve calicinale externe glabre, couverte de points scabres, à sommet scarieux, aigu, surmonté d'une petite pointe médiane; l'interne à bords pliés, portant deux nervures subciliées. ♃

Megastachya rigida. Beauv. — C'est dans les sables que l'on découvre le plus communément ce Paturin; quelquefois toutes ses parties sont colorées en violet.

Paturin penché. *P. procumbens.* Smith.

Chaume courbé à sa base. Feuilles planes, aiguës, courtes, glabres; gaîne glabre, la supérieure spathiforme; ligule membraneuse, obtuse. Panicule spiciforme, dense, resserrée, à pedicelles raides, courts, épais, hispides; épilets renfermant quatre à cinq fleurs. Glume striée; valve calicinale externe glabre, offrant cinq nervures, et à sommet scarieux, obtus, mucroné, l'interne bidentée, à deux nervures ciliées. ⊙

Cette graminée se trouve dans les terrains voisins de la mer.

Paturin maritime. *P. maritima.* Willd.

Racine vivace, multicaule. Chaume ordinairement courbé, puis ascendant, s'élevant environ à un pied. Feuilles courtes, étroites, planes ou roulées, glabres, glauques; gaîne supérieure spathiforme; ligule membraneuse, entière, très-courte. Panicule serrée, puis étalée, à pédicelles ordinairement géminés ou ternés, hispides; épilets subcylindriques, contenant cinq à douze fleurs d'un vert pâle ou violettes. Glume à valves inégales, très-obtuses; valves calicinales égales, l'externe très-obtuse, comme tronquée, scarieuse, mince, l'interne bicarénée, subbidentée, à deux nervures ciliées. ♃

Var. α. *P. distans.* L. Panicule à pédicelles distans, renversés; épilets de trois à six fleurs. = L'espèce croît dans les sables des bords de la mer; la variété dans les prairies des environs du Havre.

Épilets ovoïdes; valves calicinales carénées, pubescentes à la base.

Poa. Chev.

Paturin annuel. *P. Annua.* L.

Racine fibreuse. Chaume comprimé, ordinairement coudé aux articulations, ne s'élevant guère qu'à sept ou huit pouces. Feuilles planes, glabres, lisses, molles, obtuses au sommet, les inférieures abondantes. Panicule diffuse, petite, à pédicelles glabres, lisses, les inférieurs faisant un angle droit avec l'axe, ordinairement géminés ou ternés. Fleurs verdâtres ou rougeâtres, à glume tri ou quadriflore; valve calicinale externe très-obtuse, glabre en haut, pubescente vers sa base, l'interne bicarénée, à nervures velues; stigmates plumeux. ⊙

Se trouve partout sur les bords des routes, dans l'intérieur des cours ou dans les rues peu fréquentées. Les poils indiqués sur la balle externe sont si peu apparens, qu'à la loupe on ne peut souvent les apercevoir, et qu'il faut les redresser avec un instrument pour les distinguer.

Paturin rude. *P. scabra.* Ehrh.

Racine multicaule. Chaume cylindrique, rectiligne, s'élevant jusqu'à deux pieds. Feuilles longues et larges, planes, glabres, rudes, à gaîne scabre; ligule membraneuse, oblongue, lancéolée, aiguë. Panicule divergente, ample, de couleur vert foncé ou purpurine, à pédicelles flexueux, semiverticillés, hispides; épilets triflores, quelquefois biflores. Glume à valves étroites, hispides sur le dos; calice portant sur son pédicelle des poils soyeux chiffonnés, deux fois aussi longs que lui; valve externe aiguë, glabre, seulement pubescente sur le milieu, vers le bas, l'interne bicarénée, subbidentée, à nervures glabres. ♃

P. trivialis. L. — Très-commune dans les prairies; cette graminée entre pour beaucoup dans celles dont l'ensemble forme le foin.

Paturin des prés. *P. Pratensis.* L.

Racine stolonifère à souche rameuse. Chaume

droit, glabre et lisse. Feuilles planes, étroites, glabres, à bords rudes, à gaîne lisse; ligule membraneuse, courte, obtuse et comme tronquée. Panicule diffuse, à pédicelles hispides; épilets formés de trois à quatre fleurs. Glume inéquivalve, glabre, à nervure médiane hispide; calice ayant à sa base de très-longs poils cotonneux, entassés, plus longs que lui; valve externe aiguë, glabre au sommet, velue au bas, l'interne bicarénée, à nervures hispides. ♃

Var. α. *P. angustifolia*. L. Feuilles inférieures sétacées, à bords roulés. Nous pensons, avec Rœmer et Schultes, que cette espèce de Linnée n'est qu'une variété du Paturin des prés.

Paturin trinervé. *P. trinervata*. Dec.

Racine multicaule. Chaume droit, scabre, à nœuds colorés. Feuilles larges, planes, glauques, scabres en dessous; gaînes rudes, souvent purpurines vers leur naissance; ligule membraneuse, anguleuse, découpée. Panicule multiflore, serrée d'abord, puis divergente, à pédicelles géminés, rameux; épilets petits, ovoïdes, formés de trois à six fleurs alongées, aiguës. Glume inéquivalve, acérée, enveloppant les calices; valve calicinale externe trinervée, l'interne à deux nervures. ♃

P. trivialis. Leers. *Poa palustris*. Hoff. (non L.) — Se découvre dans les endroits aquatiques.

Paturin des bois. *P. nemoralis*. L.

Racine rampante. Chaume extrêmement grêle,

penché au sommet, s'élevant jusqu'à un mètre. Feuilles extrêmement étroites, planes, rudes, assez longues; gaîne lisse; ligule rudimentaire. Panicule fort lâche, pauciflore, étalée, à pédicelles très-longs, semiverticillés, hispides; épilets ovales, petits, comprimés, épars, biflores ou triflores, d'un vert blanchâtre ou roux. Glume à valves aiguës, glabres, seulement hispidiuscules sur la nervure; valves calicinales presque égales, à base environnée d'un duvet court, l'externe pubescente, à bords ciliés vers le bas, l'interne entière, à deux nervures subglabres. ♃

Var. α. *P. coarctata*. Sch. Panicule d'abord resserrée, à épilets colorés, formés de trois à cinq fleurs. = Ce Paturin vient surtout dans les bois couverts. Les nœuds de ses tiges sont souvent garnis de fibrilles analogues à des radicelles. Le naturaliste Gouan, ayant trouvé parmi elles des débris de larves d'insectes, cela paraît confirmer l'opinion des botanistes qui pensent que ces fibrilles sont le travail de ces animaux.

Paturin bulbeux. *P. bulbosa.* L.

Chaume cylindrique, d'environ six pouces à un pied d'élévation, à articulations rougeâtres. Feuilles radicales fasciculées, coercées en masse bulbiforme; elles sont longues, sétacées, glabres, à bords roulés, les caulinaires, au nombre de deux seulement, ont leur limbe extrêmement court et plan; gaîne supérieure dilatée; ligule membraneuse, conique, aiguë, très-longue, blanche. Panicule spiciforme, à divisions hispides; épilets tri ou quadriflores, luisans. Glume inéquivalve, à valves carénées, aiguës, à dos hispide; valve calicinale interne dépassant l'externe, et extrêmement alongée et pointue. ♃

Var. α. *P. crispa.* Thuill. Valves calicinales capillaires, quatre à six fois plus longues que les glumes. = L'espèce, nommée aussi *Paturin échalotte*, se trouve en fleur au printems, le long des chemins qui traversent les champs sablonneux ou sur les murs.

Paturin violet. *P. violascens.* Chev.

Racine stolonifère. Chaume droit, quelquefois un peu flexueux du bas. Feuilles à limbe très-étroit et fort court, ployé en carène, et dont la nervure dorsale se prolonge un peu sur la gaîne, qui est longue, striée, scabre, violette; ligule conique, membraneuse, longue. Panicule étalée, à épilets de deux ou trois fleurs. Glume inéquivalve, à valves carénées, hispides sur le dos, colorées ordinairement en violet noir, mais à bords blancs; valves calicinales colorées, glabres, aiguës; le pédicelle qui les supporte est muni de poils longs, chiffonnés, soyeux. ♃

Se trouve en abondance dans les prairies sèches.

Paturin comprimé. *P. compressa.* L.

Racine traçante. Chaume comprimé, couché à sa base, courbé aux articulations, s'élevant à un pied. Feuilles courtes, étroites, planes ou pliées, glabres; gaînes aplaties, glabres; ligule courte. Panicule spiciforme, unilatérale, comprimée, à pédicelles resserrés, raides, hispidiuscules; épilets pointus, verdâtres, formés de trois à six fleurs à valves rougeâtres au sommet. Glume à valves subégales, aiguës, glabres ; valve calicinale externe obtuse, comme tronquée, pubescente et à bords ciliés vers son insertion, l'interne aiguë, binervée, à nervures subhispides. ♃

Cette espèce se plait particulièrement sur les vieux murs ou dans les lieux extrêmement secs.

Paturin des Alpes. ***P. alpina.*** L.

Chaume grêle. Feuilles courtes, planes, molles, glabres ; gaîne supérieure longue. Panicule resserrée, à pédicelles géminés, lisses ; épilets grands, ovoïdes, contenant quatre à six fleurs pubescentes, panachées de vert, de jaune et de violet. Glume lisse ; valve calicinale externe ovale, l'interne ciliée. ♃

Cette graminée croît sur les pelouses de nos montagnes.

Valve calicinale externe entière, striée.

Paturin élevé. ***P. altissima.*** Mœnch.

Chaume fort, cylindrique, s'élevant ordinairement de quatre à six pieds. Feuilles planes, très-larges et longues, acuminées, striées, à bords scarieux, finement denticulés ; gaîne portant deux taches rouilles à sa partie supérieure ; ligule membraneuse, arrondie. Panicule très-ample, diffuse, à pédicelles semiverticillés ; épilets formés de six à sept fleurs imbriquées, purpurines ou vert pâle. Glume obtuse, scarieuse, lisse ; valve calicinale externe ovale, entière, obtuse, à sept nervures scabres, l'interne bidentée, bicarénée, à deux nervures scabres. ♃

P. aquatica. L. — C'est une de nos plus belles graminées. On la trouve dans les fossés.

Valve calicinale externe striée, à sommet denticulé.

Glyceria. R. Br.

Paturin flottant. *P. fluitans*. Dec.

Chaume comprimé, couché, puis redressé. Feuilles planes, larges, glabres, molles; ligule membraneuse, haute, aigue. Panicule extrêmement longue, à pédicelles subglabres, semiverticillés, serrés contre l'axe, et s'en écartant à la maturité; épilets rares, d'abord cylindriques, grêles, linéaires, puis comprimés, élargis, contenant huit à douze fleurs pédonculées, alternes, distiques. Glume à valves inégales, scarieuses, ovales, petites; valve calicinale externe hispidiuscule, offrant sept ou huit nervures, à sommet très-scarieux, denticulé, aigu ou obtus; valve interne bicarénée, bidentée, à nervures scabres. ♃

Festuca fluitans. L. *Glyceria fluitans*. R. Br. — Les semences de cette graminée se mangent en Allemagne et en Pologne; elle est vulgairement connue sous le nom d'*Herbe à la manne;* souvent on la trouve flottante sur les mares où elle fleurit tout l'été; c'est un excellent fourrage pour les chevaux.

Valve calicinale externe lancéoleé, trinervée, à base glabre.

Molinia. Beauv.

Paturin bleu. *P. cærulea.* Mer.

Chaume s'élevant à un mètre, grêle, ne portant

ordinairement qu'un nœud situé vers sa naissance. Feuilles planes, très-longues et étroites, striées, glabres, à bords rudes; gaînes glabres; ligule pubescente, à poils ras. Panicule étroite, resserrée, longue, à pédicelles hispides; épilets biflores ou triflores, subcylindriques. Glume colorée en violet, à valves aiguës, portant une nervure médiane saillante; valve calicinale externe lancéolée, aiguë, trinervée, entière, glabre, variée de violet et de vert, l'interne acérée, bidentée, binervée, glabre; anthères d'un violet noir. ♃

Melica cœrulea. L. *Festuca cœrulea.* Dec. *Molinia cœrulea.* Beauv. — Il croît dans les lieux humides. La var. α. *Aira atrovirens.* Th. Qui a des fleurs pourpre noir, m'a été envoyée des environs du Havre.

Glume inéquivalve, scarieuse ; valves calicinales tronquées.

Catabrosa. Beauv.

Paturin airoïde. *P. airoides.* Mer.

Racine rampante. Chaume s'élevant d'un à deux pieds. Feuilles larges, planes, courtes, glabres, très-obtuses; gaînes lisses; ligule membraneuse, longue, aiguë. Panicule très-étalée, à pédicelles semiverticillés; épilets biflores, à fleurs striées. Glume moitié moins longue que les calices, à valves inégales, très-obtuses, totalement scarieuses, blanches, uninervées; valves calicinales membraneuses, tronquées, à nervures pubescentes, vertes, l'externe trivernée, l'interne binervée. ♃

Aira aquatica. L. — Se trouve dans les lieux aquatiques.

Valve calicinale externe mucronée. **Kœleria.** Pers.

Paturin en crête. *P. cristata.* Dec.

Chaume rectiligne, grêle. Feuilles étroites, sétacées, pubescentes aux bords; gaîne glabre ou velue. Panicule spiciforme, interrompue, à pédicelles hispides; épilets triflores ou quadriflores, panachés de vert et de blanc. Glume aiguë, pubescente; valves calicinales acérées, l'externe mucronée, hispide, l'interne bidentée. ♃

Aira cristata. L. *Kœleria cristata.* Pers. — Il fleurit en été, et se trouve sur les coteaux.

V°. *HORDÉACÉES.*

Épilets uniflores ou multiflores. Valves opposées, égales, l'externe aristée ou mutique, l'interne bicarénée; deux styles. Fleurs en épi.

FROMENT. *Triticum.* L.

Épilets solitaires sur l'axe. Glume bivalve, multiflore. Calice bivalve, à valve externe ordinairement aristée; deux styles simples. Épi.

Selon T. Varron, le nom de *Triticum* est dérivé de *tritum*, battu, participe de *tero*, à cause de l'usage de battre les céréales pour en extraire les grains. Froment vient du celtique *ffurment*, qui est dérivé de *ffeur*, gerbe.

Épilets de trois à quatre fleurs, dont deux seulement fertiles; ovaire pubescent au sommet. **Triticum.** Beauv.

Froment cultivé. *T. sativum.* Lam.

Chaume de trois à cinq pieds, glabre. Feuilles à

limbe large, plan, glabre ainsi que la gaîne. Épi simple, arrondi, imbriqué, à épilets ventrus, quadriflores, mutiques, excepté quelquefois les supérieurs qui sont aristés, glabres. Glume renfermant quatre fleurs hermaphrodites ; valves calicinales lancéolées, l'externe glabre, l'interne entière ou dentée au sommet, subciliée sur les deux nervures ; cariopse ovoïde, pubescente au sommet. ⊙

T. hibernum. L. — Var. α. *T. æstivum.* L. Glume glabre ; barbes longues. — β. *T. turgidum.* Will. Glume et balles velues ; épi gros, tétragone. — γ. *T. Durum.* Desf. Tige pleine ; valves calicinales externes toutes aristées ; graines cornées, alongées. = Cette plante, que l'on croit originaire d'Asie, et que l'homme cultive depuis les premiers tems historiques, offre encore beaucoup d'autres variétés dues à la culture ; Tessier en mentionne dix-neuf.

Froment à épi rameux. *T. compositum.* L.

Chaume plein, ferme. Feuilles larges. Épi rameux à sa base ; épilets de trois fleurs, toutes hermaphrodites. Glume et valves calicinales velues ; arêtes très-longues, hispides. ⊙

Nommé encore *Blé de miracle.* Ce n'est probablement qu'une variété hypertrophiée du Froment cultivé ; il est originaire d'Égypte : on le cultive quelquefois.

Fleurs toutes fertiles ; valve calicinale externe aiguë, aristée, l'interne entière ou subbidentée. **Agropyron.** GÆRT.

Froment des haies. *T. Sepium.* Lam.

Racines longues, inarticulées, non rampantes. Chaume droit, s'élevant de deux à trois pieds.

Feuilles longues, glabres, rudes; ligule membraneuse, extrêmement courte. Épi long, penché, à épilets lancéolés, assez rapprochés, alternes, solitaires, formés de trois à cinq fleurs à barbe longue. Glume à valves lancéolées, portant trois à cinq nervures hispides, la médiane se terminant en arête; valve calicinale externe lancéolée, subbidentée, aristée, glabre, quinquénervée, l'interne lancéolée, étroite, binervée, à sommet obtus, à nervures ciliées; arête calicinale très-longue, hispide; ovaire velu. ♃

Agropyron caninum. Beauv. — Var. α. *Glaucum*. Tiges, feuilles et épi glauques. = Vient dans les haies. Fleurit en juin.

Froment rampant. *T. repens*. L.

Racine très-rampante, articulée, longue, grêle, ondulée, subnoueuse. Chaume géniculé à sa base, s'élevant environ de deux à trois pieds. Feuilles longues, vertes, pubescentes supérieurement. Épi comprimé; épilets subdistiques, de quatre à six fleurs sessiles, comprimées. Glume ordinairement mutique, à valves très-acérées, sillonnées, hispides ou glabres; calice équivalve, à valve externe lancéolée, très-acérée, glabre, ordinairement mutique ou aristée courtement, l'interne bicarénée, obtuse ou subbidentée, à nervures ciliées. ♃

Var. α. *Aristatum*. Glume et calice aristés; épilets de sept à huit fleurs. — β. *Capillare*. Épilets triflores, arêtes capillaires du double plus longues que les valves. — γ. *Multiflorum*. Épilets à huit fleurs subaristées. — δ. *T. glaucum*. Lam. Plante glauque; épilets de quatre ou cinq fleurs, à glume et calice tronqués, mutiques. = Le Froment rampant fleurit tout l'été; il n'est que trop commun dans les haies et les jardins, où il est difficile de le détruire: ce sont ses racines que l'on emploie en médecine sous le nom de *Chiendent*. On les regarde comme délayantes; elles possèdent quelques principes alimentaires, et les Égyptiens en faisaient entrer dans leur pain. M. Mérat dit qu'on peut en extraire du sucre.

Froment jonciforme. *T. junceum.* L.

Plante glauque. Racine rampante. Chaume rameux. Feuilles dures, étroites, à bords roulés, pubescentes en dessus, à sommet aigu, piquant. Épis à rachis lisse; épilets comprimés, écartés, alternes, dressés, formés de cinq à neuf fleurs mutiques, glabres. Glume à valves subégales, tronquées, obtuses au sommet, portant six à neuf nervures saillantes; valves calicinales subégales, l'externe raide, glabre, à sommet tronqué et mucroné; l'interne bicarénée, obtuse, à nervures ciliées. ♃

Agropyron junceum. Beauv. — Var. α. *T. pungens.* Dec. Épilets distiques, arrondis, à glume aiguë; valve calicinale interne bidentée. Nous pensons comme Sprengel, que cette plante est une variété du Froment jonciforme; elle se trouve sur le chemin de l'Heure, près la digue. L'espèce vient sur presque tout notre littoral maritime.

Froment intermédiaire. *T. intermedium.* Host.

Plante glauque. Racine subrampante. Chaume raide, s'élevant environ à deux pieds. Feuilles raides, planes, larges vers la base, roulées au sommet, glabres. Épi alongé, à rachis denté; épilets distiques, rapprochés, quelquefois subimbriqués, contenant quatre à huit fleurs glabres, mutiques. Glume à valves obtuses, tronquées, multinervées; valve calicinale externe obtuse, mucronée, l'interne ciliée. ♃

Se trouve dans les terrains arénacés des environs de Rouen.

Valves calicinales entières, l'interne tronquée, à cils raides; ovaire glabre. **Brachypodium.** Beauv.

Froment penné. *T. pinnatum.* Mœnch.

Chaume simple, droit, glabre, à nœuds pubescens, élevé de deux pieds environ. Feuilles étroites, ordinairement glabres, rudes, parfois subglauques, à bords roulés, à sommet aigu; ligule membraneuse, souvent bilobée. Épi formé de six à dix épilets d'abord cylindriques, longs, grêles, rectilignes, subsessiles, distiques, dressés, contenant dix à vingt fleurs imbriquées. Glume à valves subégales, aiguës, striées; valves calicinales égales, l'externe lancéolée, aiguë, glabre ou pubescente, à arête droite, hispide, terminale, de moitié plus courte qu'elle; l'interne à deux nervures ciliées, à sommet tronqué. ♃

Bromus pinnatus. L. — Var. α. *Bromus corniculatus.* Lam. Épilets recourbés, mutiques. = Ce Brome vient communément dans les bois.

Froment des bois. *T. sylvaticum.* Mœnch.

Chaume grêle, s'élevant environ à deux pieds, à nœuds pubescens. Feuilles longues, glabres ou pubescentes, scabres à limbe plan, à bords subciliés. Épi incliné, à épilets alternes, sessiles, linéaires, droits, aigus, peu nombreux, formés ordinairement de huit à dix fleurs, quelquefois en ayant jusqu'à dix-huit. Valve calicinale externe velue, à bords ciliés, portant une soie terminale capillaire, beaucoup plus longue que les valves. ♃

Bromus sylvaticus. Smith. *Festuca sylvatica.* Kœl. — Se trouve dans les bois vers le milieu de l'été.

Froment grêle. *T. tenellum.* L.

Graminée d'une teinte violette. Chaume filiforme, glabre, dressé, s'élevant de six à huit pouces, à nœuds purpurins. Feuilles étroites, sétacées, courtes, roulées, glabres, à gaîne colorée. Épi très-grêle, formé de cinq à six épilets alternes, écartés, contenant trois ou quatre fleurs mutiques, glabres. Glume à valves subégales, trinervées, obtuses et un peu scarieuses au sommet; valves calicinales obtuses. ♃

T. poa. Dec. *Brachypodium poa.* Beauv. — Se trouve en fleurs en été ; croît sur les murs et les sables.

Froment unilatéral. *T. unilaterale.* Willd.

Racine fibreuse, jaune, multicaule. Chaume raide, simple, ou rameux à la base, haut d'environ trois pouces, coloré en violet noirâtre au sommet. Feuilles aiguës, courtes, glabres, canaliculées. Épi simple, droit, pâle, à rachis coloré, portant ordinairement de huit à douze épilets comprimés, oblongs, obtus, alternes, unilatéraux, serrés, formés de cinq à dix fleurs distiques, imbriquées, mutiques. Glume à valves lancéolées, obtuses, subégales, glabres;

valves calicinales égales, l'externe ovale, lancéolée, l'interne lancéolée, à deux nervures ciliées. ♃

T. maritimum. L. *T. rottbolla.* Dec. — Croît sur nos sables maritimes. Fleurit en juin.

IVRAIE. *Lolium.* L.

Glumes multiflores, univalves, la supérieure seule bivalve. Calice à deux valves; l'externe aristée ou mutique; stigmates distiques, insérés latéralement. Epi aplati, à épilets alternes, distiques, solitaires.

La dénomination latine vient du celtique *loloa;* le nom français rappelle l'ivresse que produisent certaines espèces.

Ivraie vivace. *L. perenne.* L.

Chaume droit, lisse, simple ou rameux. Feuilles peu nombreuses, à limbe court, étroit, plan, glabre ou subpubescent; gaîne striée; ligule courte, membraneuse. Épi long, à épilets comprimés, formés de cinq à onze fleurs mutiques, vertes ou purpurines. Glume striée, moins longue que l'épi; valves calicinales mutiques; l'externe unie, lancéolée, scarieuse au sommet, l'interne entière, à deux nervures hispides. ♃

Var. α. *L. cristatum.* Sch. Épilets en tête, sur deux rangs. — β. *L. viviparum.* Kœl. Épilets vivipares. — γ. *L. aristatum.* Calice aristé. — δ. *L. compositum.* Thuill. Épi rameux. = Cette espèce, nommée *Ray-grass* par les Anglais qui la cultivent, ainsi que par nos agriculteurs, forme un fourrage nourrissant; elle abonde partout dans les prairies et le long des chemins.

Ivraie ténue. *L. tenue.* L.

Chaume filiforme, de huit pouces à un pied d'élévation. Feuilles étroites, courtes, aiguës, glabres. Épi extrêmement grêle, alongé, droit; épilets subcylindriques, mutiques, formés de deux à quatre fleurs seulement, les inférieurs parfois uniflores. Glume lancéolée, presque aussi longue que l'épilet. ♃

Cette espèce ne me paraît être qu'une variété de l'Ivraie vivace; elle fleurit en été, et se trouve sur les pelouses arides des terrains calcaires.

Ivraie multiflore. *L. multiflorum.* L.

Chaume rameux, glabre supérieurement, s'élevant jusqu'à quatre pieds. Feuilles à limbe long, plan, scabres en dessous; ligule courte. Épi extrêmement long, épilets distiques, aplatis, très-longs, composés de quinze à vingt fleurs. Glume beaucoup moins longue que l'épilet; valve calicinale externe lancéolée, aiguë, aristée; l'interne ovale, binervée entière, ou subbidentée; arête hispide, naissant du sommet de la valve, et environ de sa longueur. ♃

Se trouve dans les bois et dans les champs.

Ivraie enivrante. *L. temulentum.* Leers.

Chaume robuste, rude, s'élevant à un mètre. Feuilles longues, larges, glabres, rudes, planes. Épilets comprimés, aristés, formés de quatre à huit fleurs. Glume longue, étroite, obtuse, mutique, dépassant l'épilet; valve calicinale externe ovale, obtuse, scarieuse au sommet, munie d'une arête hispide plus courte qu'elle, non terminale, insérée vers le haut; l'interne ovale. ⊙

Var. α. Valves mutiques. = Les semences de cette Ivraie, mêlées à la farine, ont quelquefois produit des symptômes d'empoisonnement, des vertiges et des vomissemens; on peut cependant les manger quand elles ont été privées de leur principe délétère que M. Parmentier a reconnu siéger dans l'eau de végétation. Les anciens connaissaient déjà leurs funestes effets.

ELYME. *Elymus.* L.

Glume bivalve, ordinairement biflore ou triflore, à valves imitant un involucre par leur réunion. Corolles bivalves, hermaphrodites, les supérieures quelquefois mâles. Épilets géminés ou ternés.

Ce nom vient de ελυμος, mais les anciens le donnaient au *Panicum*. Ce genre est extrêmement rapproché de l'*Hordeum;* il ne s'en distingue qu'à ses glumes ordinairement multiflores; l'espèce qui n'a qu'une fleur pourrait être un sujet d'erreur, mais, comme elle est hermaphrodite, cela donne un caractère différentiel.

Elyme des sables. *E. arenarius.* L.

Plante glauque. Racine rampante. Chaume d'abord couché, stolonifère, puis vertical. Feuilles larges, à bords un peu roulés. Panicule spiciforme, blanchâtre, cotonneuse, alongée, à épilets géminés. Glume pubescente, latérale, uniflore, hermaphrodite, à valves dépassant les fleurs; calice mutique. ♃

Cet Elyme habite les terrains arénacés des rivages de la

mer. On le cultive dans quelques endroits pour fixer les sables mouvans.

Elyme d'Europe. *E. Europæus.* L.

Racine fibreuse. Chaume simple, s'élevant à dix-huit pouces environ. Feuilles planes, glabres ou sub-pubescentes. Épi cylindrique, droit ; épilets ternés, biflores ou triflores, rarement uniflores, les latéraux courtement pédicellés, le médian sessile. Glume sétacée, scabre, glabre ; valve calicinale externe aristée ; arête hispide plus courte sur la fleur du milieu. ♃

Hordeum sylvaticum. Thuill. *Cuviera Europœa.* Kœl. — Habite les bois humides et ombragés, quelquefois les prairies.

SEIGLE. *secale.* **L.**

Glume bivalve, biflore, très-rarement triflore, à valves linéaires. Calice bivalve, à valve extérieure très-longuement aristée; l'interne mutique. Épi à épilets solitaires.

La troisième fleur est rudimentaire, stérile ; elle se développe cependant quand la plante se trouve dans des circonstances extrêmement favorables. *Secale* est dérivé de *seges*, nom latin que l'on donnait à toutes les plantes que l'on fauche, et qui avait une origine celtique ; il venait de *segal*, qui, en cette langue, est une altération de *sega*, faulx.

Seigle cultivé. *S. cereale.* L.

Chaume velu supérieurement, s'élevant à quatre ou cinq pieds. Feuilles larges, planes, les supérieures pubescentes en dessous et rapprochées de l'épi : celui-ci est comprimé, composé de fleurs imbriquées, serrées. Glume à valves linéaires, glabres ; valve calicinale externe lancéolée, carénée, aristée, à dos et l'un des bords ciliés, l'interne bicarénée, glabre, à sommet obtus ; arête très-longue, hispide, terminale. ⊙

Var. α. *S. hybernum.* Bauh. Elle s'élève d'avantage. — β. *S. vernum.* Bauh Elle est moins haute.— γ. *S. compositum.* Kœl. Épi rameux. = La farine de ces graminées fait un pain bis nourrissant, qui se conserve long-tems frais. L'ergot du seigle, espèce d'excroissance noirâte qui se développe sur les épis de cette plante, et que M. De Candolle regarde comme un champignon (*Sclerotium clavus*), produit de graves accidens et même la mort, lorsqu'il s'en trouve beaucoup dans la farine Le seigle ergoté paraît avoir une action spéciale sur la contractilité de l'utérus, et pouvoir activer l'accouchement quand il languit.

ORGE. *Hordeum.* L.

Fleurs ternées ; les latérales ordinairement mâles et pédicellées, la médiane hermaphrodite et sessile. Glume bivalve, uniflore, à valves linéaires, aristées. Calice bivalve, à valve externe terminée en soie hispide. Épi.

Les valves des glumes, par leur situation autour des fleurs, forment souvent une espèce de semi-involucre. Bodée prétend que le nom générique de ces plantes vient de *hordus*, lourd, parce que le pain confectionné avec l'orge est pesant.

Orge commune. *H. vulgare.* L.

Tige d'environ trois pieds, droite. Feuilles planes et glabres. Épi gros et long, à fleurs toutes hermaphrodites, disposées sur six rangs longitudinaux, dont deux sont opposés et plus saillans; soies triangulaires, hispides, celles des fleurs latérales plus longues. Cariopse adhérente à la valve aristée. ⊙

Var. α. *H. polystachyon.* Hall. Fleurs toutes fertiles, disposées confusément sur l'axe. — β. *H. cœleste.* Valve non adhérente à la cariopse. — γ. *H. hexastichum.* L. Épi court, renflé, à six rangs égaux. = L'orge est originaire de l'empire de Russie; sa culture offre beaucoup d'avantage dans les sols pauvres, montueux, où les autres céréales refusent de prospérer. Ses semences renferment beaucoup de matière nutritive; depuis Hippocrate, leur décoction est employée en médecine, dans les affections de poitrine.

Orge à deux rangs. *H. distichum.* L.

Tige s'élevant à deux pieds environ. Feuilles peu larges, planes, un peu rudes. Épi alongé, comprimé, distique, droit, fleurs ternées, dont les latérales sont mâles, stériles, mutiques, et celle du milieu hermaphrodite, fertile, aristée, peu apparente. Cariopse imbriquée, adhérente au calice, formant deux rangs saillans. ⊙

Var. α. *H. nudum.* Willd. Calice s'écartant de l'akène à la maturité. — β. *H. imberbe.* Toutes les fleurs mutiques. = Cette graminée est originaire de la Tartarie: on la cultive. Il vaudrait cependant mieux semer l'espèce précédente, dont toutes les fleurs sont hermaphrodites et fertiles.

Orge queue-de-souris. *H. murinum.* L.

Racine fibreuse, touffue. Chaume flexueux, feuillé, haut de six à dix-huit pouces. Feuilles planes, pubescentes, s'élevant jusqu'à l'épi et l'enveloppant; gaîne supérieure spathiforme; ligule courte. Épi subcylindrique ; toutes les fleurs aristées ; les latérales mâles, celle du milieu hermaphrodite. Glume à valves lancéolées, très-étroites, ciliées, aristées ; valves calicinales lancéolées, effilées, glabres, l'externe aristée, l'interne pliée, aiguë ; arêtes des glumes arrondies, hispides ; celles des balles sétacées, sillonnées et hispides. ♃

Cette graminée, que Linnée et M. De Candolle indiquent comme annuelle, paraît être vivace. On la trouve partout, le long des murs.

Orge faux seigle. *H. secalinum.* Schreb.

Chaume grêle, simple, droit, s'élevant à deux pieds environ. Feuilles inférieures pubescentes, les supérieures courtes, étroites, glabres. Épi grêle, comprimé, très-éloigné des feuilles ; fleurs latérales mâles, la moyenne hermaphrodite. Glumes à valves sétacées, cylindriformes, non ciliées et simplement hispides ; valve calicinale externe lancéolée ; celle de la fleur centrale glabre, celles des fleurs mâles subhispides ; valve interne ovale, binervée, glabre ; arête calicinale terminale, beaucoup plus courte sur les fleurs mâles.

H. pratense. Huds. — Commun dans les prés secs. Fleurit en juin.

Orge maritime. *H. maritimum.* Roth.

Chaume haut de six pouces environ, genouillé ; ordinairement couché à la base. Feuilles à limbe court, étroit, plan ; gaîne supérieure spathiforme, enveloppant d'abord l'épi. Épi peu comprimé, très-court, ovoïde. Glumes non ciliées, sétacées; celle des fleurs latérales offrant une de ses valves élargie d'un côté de sa base par une petite membrane, et comme semi-lancéolée, hispidiuscule; valves calicinales lancéolées, l'externe de la fleur hermaphrodite longuement aristée, celles des mâles à arête plus courte. ♃

Se trouve sur les bords de la mer, dans les pâturages. Je n'ai point aperçu le caractère de la pubescence des fleurs mâles, indiqué par les auteurs.

ROTTBOELLIE. *Rottboellia*. L.

Glume univalve ou bivalve, uniflore ou biflore. Fleurs mutiques, hermaphrodites ou mâles. Calice bivalve. Épi filiforme, à rachis articulé.

Genre consacré par Linnée fils à la mémoire de Rottboel, professeur de botanique danois.

Rottboellie arquée. *R. incurvata*. L.

Chaume flexueux, s'élevant environ de six pouces à un pied. Feuilles planes, étroites, les supérieures très-courtes. Épi terminal, filiforme, ordinairement incurvé, presque aussi long que le chaume; fleurs alternes, mutiques, enfoncées dans les cavités de l'axe. Glume uniflore, à deux valves géminées, semi-lancéolées, très-aiguës, glabres; valves calicinales membraneuses, transparentes, semi-lancéolées, presque égales à celles de la glume. ☉

Ophiurus incurvatus. Beauv. — Se trouve à Tancarville et aux bords de la mer. Tous les échantillons de cette plante que nous nous sommes procurés diffèrent de ceux observés par le respectable et savant Leturquier-Deslongchamps, en ce qu'ils ont une glume bivalve.

NARD. *Nardus*. L.

Glume bivalve plus courte que l'épilet. Calice à deux valves, l'externe très-acérée, l'interne obtuse. Ovaire glabre. Cariopse protégée par le calice. Épi unilatéral.

Étymologie dérivée du mot celtique *ar*, qui signifie odeur, parfum, et dont les Grecs ont fait ναρδος.

Nard serré. *N. stricta*. L.

Chaumes filiformes, hispides, nombreux, serrés, dressés, d'environ six pouces de haut. Feuilles capillaires, hispides, raides, aiguës, d'un vert blanchâtre. Épi unilatéral, bleuâtre, dont l'axe est denté d'un seul côté, et reçoit les fleurs dans de petits enfoncemens. Glume inéquivalve; valve calicinale externe lancéolée, très-longue, aiguë, à bords recourbés en dedans, hispides, à sommet se terminant en arête hispide; l'interne membraneuse, obtuse, un peu moins longue. ♃

Cette graminée se trouve dans les environs d'Elbeuf. Elle n'a aucun rapport avec le Nard des anciens.

FAMILLE DES CYPÉRACÉES.

Fleurs hermaphrodites ou unisexes. Périanthe simple, univalve. Ordinairement trois étamines à anthères fendues au bas. Style unique à deux ou trois stigmates. Akène unique, nu ou environné de soies.

Ces plantes sont herbacées à tige cylindrique ou triangulaire, et ordinairement sans nœuds. Leurs feuilles ont une gaîne non fendue. L'inflorescence est presque toujours en épi.

Les cypéracées croissent principalement dans les lieux humides. Elles sont peu utiles; quelques unes cependant sont employées en médecine, d'autres servent d'aliment ou de litière aux bestiaux.

LINAIGRETTE. *Eriophorum.* L.

Fleurs hermaphrodites. Périanthe formé d'une seule écaille subplane. Akène environné de soies lisses dépassant de beaucoup les écailles. Inflorescence en capitule imbriqué.

Ce nom vient de εριον, laine, et de φερω, je porte. Dans les poésies des Bardes du Nord, ces plantes sont désignées sous le nom de *Cana*.

Épi unique terminal. **Monostachyon.** Chev.

Linaigrette vaginée. *E. vaginatum.* L.

Racine fibreuse, non traçante. Tige cylindrique d'environ dix-huit pouces, ferme. Feuilles à limbe linéaire, triangulaire, pointu; gaîne supérieure spatiforme et dilatée en haut, dépourvue de limbe. Épi ovoïde, terminal, unique, sans spathe. Écailles lancéolées, très-aiguës, minces, scarieuses, noirâtres. Akène trigone, environné de soies très-longues, aplaties. ♃

Elle se trouve dans les marais tourbeux.

Plusieurs épis pédicellés. **Polystachyon.** Chev.

Linaigrette à feuilles larges. *E. latifolium* Hop.

Tige subcylindrique, d'environ deux pieds. Feuilles à limbe large, plan, seulement triangulaire, aigu au sommet. Spathe de trois à quatre folioles planes, inégales, noirâtre vers la base, contenant six à huit épis; pédoncules hispides, inégaux, pendans d'un même côté, ordinairement simples et à un seul épi. Écailles florales lancéolées, aiguës, scarieuses, noirâtres. Akène trigone, à soies très-longues. ♃

E. polystachyon. L. — Cette espèce, connue sous le nom de *Lin des marais*, est extrêmement commune dans les localités aquatiques.

Linaigrette à feuilles étroites. *E. angustifolium.* Dec.

Tige subtriangulaire, d'environ dix-huit pouces. Feuilles linéaires, triangulaires, canaliculées, la supérieure ayant un limbe assez long. Spathe de deux folioles linéaires, triangulaires, longues, contenant cinq à six épilets alongés, à pédoncules courts, lissses, toujours simples et uniflores. Écailles lancéolées, étroites, très-alongées, obtuses, roussâtres, à bords blancs, scarieux. Akène trigone, à soies peu abondantes. ♃

Croît mêlée à l'espèce précédente.

Linaigrette de Levaillant. *E. vaillantii.* Poit.

Tige subcylindrique, d'environ deux pieds. Feuilles

à base assez large, concaves et canaliculées, terminées par un rétrécissement au-delà duquel elles sont triangulaires, aiguës. Spathe bivalve, contenant trois à cinq épis gros, ovales, à pédoncules courts, glabres et lisses. Écailles inférieures très-larges, lancéolées, les autres plus étroites, toutes sont rousses au milieu, scarieuses aux bords. Akène triangulaire, environné de soies extrêmement longues et abondantes. ♃

Croît dans les marécages spongieux, à la mare de l'Épinay.

Linaigrette à tige triangulaire. *E. triquetrum.* Hop.

Tige grêle, triangulaire, d'environ un pied. Feuilles triangulaires, canaliculées, très-étroites, courtes. Épis oblongs, au nombre de trois ou quatre; pédoncules courts, scabres; spathe de deux folioles courtes. Écailles florales obtuses. Akène linéaire, environné de soies courtes. ♃

E. gracile. Roth. — Croît dans les prairies humides.

SCIRPE. *Scirpus.* L.

Fleurs hermaphrodites, toutes fertiles. Périanthe squammeux, formé d'une seule écaille. Akène nu ou environné d'arêtes non saillantes. Épi ovoïde, imbriqué.

Selon M. De Théis, ce nom vient du celtique *cirs*, pluriel de *cors*, qui signifie jonc. Du dernier mot nous avons fait corde, corbeille; les premières cordes ayant été faites en joncs, et les corbeilles en étant souvent encore fabriquées.

Fruit couronné par la base du style, et ordinairement muni d'arêtes hispides. **Eleocharis.** Brow.

Scirpe des marais. *S. palustris.* L.

Racine rampante, écailleuse, brune. Tige cylindrique, lisse, d'environ dix-huit pouces, aphylle, portant une seule gaîne tronquée horizontalement. Épi unique, terminal, ovoïde, alongé, pointu, muni à sa base de deux petites écailles, et formé de dix à trente fleurs à écailles ovales, lancéolées, d'un brun rouge, avec une ligne verte au milieu, et scarieuses, transparentes aux extrémités; deux stigmates. Akène ovoïde, subcomprimé, rugueux, entouré de quatre à six arêtes hispides, à poils renversés. ♃

Eleocharis palustris. Beauv. — Var. α. *S. reptans.* Thuill. Racine non écailleuse, très-rampante; tige souvent stérile, ne s'élevant qu'à huit pouces. = L'espèce croît dans les marais, la variété dans les eaux un peu courantes.

Scirpe multicaule. *S. multicaulis.* Smith.

Racine fibreuse, subrampante. Tiges cylindriques, lisses, grêles, nombreuses, atteignant jusqu'à un pied. Gaîne tronquée obliquement. Épi unique, terminal, ovoïde, pointu, à écailles ovales, très-obtuses, brunes, scarieuses aux bords; style trifide. Akène trigone, environné de cinq arêtes. ♃

S. intermedius. Thuill. — Croît dans les lieux aquatiques. Ce n'est probablement qu'une variété du *S. palustris.*

Style caduc ; arêtes hispides nulles. **Isolepis.** Brow.

Scirpe flottant. *S. fluitans.* L.

Tiges rameuses, longues, grêles, flasques, entre-croisées quand elles flottent. Feuilles planes, étroites, flottantes, à gaînes courtes, transparentes, produisant de nouvelles tiges. Pédoncules longs ; épi ovale, court, contenant trois ou quatre fleurs, à écailles scarieuses, pellucides, les deux inférieures de l'épi plus grandes. Akène dépourvu d'arêtes. ♃

Isolepis fluitans. Brow. — Var. α. *S. stolonifer.* Roth. Tige courte, très-stolonifère. = Ce Scirpe flotte sur les eaux stagnantes des mares. Sa variété se produit quand le terrain se dessèche.

Scirpe épingle. *S. acicularis.* L.

Tiges capillaires, quadrangulaires, simples, nues, d'environ trois pouces, ayant seulement à la base une gaîne scarieuse, translucide, tronquée, entourée de tiges stériles, imitant des feuilles. Épi terminal, solitaire, ovoïde, oblong, du volume d'une tête d'épingle, portant deux bractées squammeuses à sa base, et formé de quatre à six fleurs à écailles ovales, obtuses, arrondies et entières au sommet, vertes au milieu, panachées de pourpre sur les côtés ; trois stigmates. Akène dépourvu d'arêtes à sa base. ♃

Eleocharis acicularis. Rœm., Sch. — Il forme des gazons très-fins sur les bords des étangs.

Scirpe sétacé. *S. setaceus.* L.

Tiges sétacées, d'environ quatre pouces. Feuilles à limbe sétacé, long, à gaîne courte. Deux ou trois épis terminaux subsessiles, ovoïdes, noirâtres, munis d'une spathe unifoliée, qui paraît la continuation de la tige. Écailles ovales, à sommet arrondi, entier, vertes au milieu, avec des lignes pourpre noir sur les côtes; trois stigmates. Akène plano-convexe, strié longitudinalement, brun, dépourvu d'arêtes. ♃

Il est commun sur le bord des marais et dans les prés marécageux.

Style caduc ; arêtes hispides. **Scirpus.** Brow.

Scirpe triangulaire. *S. triqueter.* L.

Racine rampante, brune. Tige triangulaire, simple, nue, ayant une feuille basilaire à gaîne libre et large en haut, portant un limbe extrêmement court, trigone. Fleurs terminales, environnées d'une spathe foliacée, uniphylle, triangulaire, aiguë, paraissant continuer la tige; épis ovoïdes, solitaires ou nombreux, sessiles ou pédonculés. Écailles florales ovales, très-larges, à sommet tronqué, mucroné, brun; trois stigmates. Akène ovoïde, mucroné, environné de trois arêtes hispides. ♃

S. mucronatus. Roth. (non L) — Se trouve sur les bords de la Seine.

Scirpe des étangs. *S. lacustris.* L.

Racine rampante. Tige cylindrique, lisse, d'environ cinq pieds, nue, portant seulement une ou deux feuilles radicales, à gaîne prolongée en limbe plan. Épis nombreux, roussâtres, ovales, alongés, aigus, ordinairement unilatéraux ; pédoncules inégaux, portant ordinairement d'un à trois épis, et sortant d'une spathe foliacée, aiguë, plus longue qu'eux. Écailles florales ovales, colorées en brun rougeâtre, à bords ciliés, à sommet à deux dents arrondies, et mucroné par la nervure médiane qui se prolonge un peu au-delà de l'échancrure. Akène plano-convexe, environné de cinq à six arêtes hispides. ♃

Il est commun sur les bords des marais et des étangs.

Scirpe cypéroïde. *S. cyperoides.* Lam.

Tige triangulaire, d'un à trois pieds. Deux à cinq feuilles très-longues, planes, offrant une nervure saillante, et à bords denticulés. Épilets ovoïdes, gros, coniques, sessiles ou pédonculés, comme barbus, au nombre de huit à douze; pédoncules simples, environnés de deux ou trois bractées foliacées, dont une est extrêmement longue. Écailles ovales, ciliées, d'un brun noirâtre, à sommet à trois dents aiguës, la médiane formée par la nervure qui est longue, incurvée; trois stigmates. Akène pyriforme, chagriné, lisse d'un côté, environné de trois arêtes hispides. ♃

S. maritimus. L. — Var. α. *S. macrostachius.* Épilets tous sessiles, noirâtres, du double plus gros; involucre ordinairement monophylle. = Le Scirpe cypéroïde a tout-à-fait le port des Souchets; quelquefois ses épilets sont sessiles. Il est commun dans les étangs et les rivières.

Scirpe des bois. *S. sylvaticus.* L.

Tige subtrigone d'environ deux pieds. Feuilles très-larges, denticulées aux bords, arrivant jusqu'au sommet. Panicule ombelliforme, fort rameuse, à pédoncules très-longs, subdivisés ; bractées foliacées, ne dépassant point les fleurs ; épilets ovoïdes, très-petits, d'un vert noirâtre, et fort nombreux. Écailles florales obtuses ou tronquées, vertes ; trois stigmates saillans, roux. Akène fort petit, subtrigone, environné de six arêtes hispides. ♃

Se trouve dans les bois humides, surtout dans les endroits ombragés.

CHOIN. *Schœnus.* L.

Fleurs inférieures de l'épi stériles. Périanthe squammeux, formé d'une seule écaille. Akène unique, nu ou entouré d'arêtes à sa base.

Ce nom est dérivé de σχοινος, corde, parce que ces plantes étaient anciennement employées à la confection des cordages. Les Choins ne diffèrent des Scirpes que parce que les écailles inférieures de l'épi ont des organes génitaux qui avortent, ce qui donne à celui-ci un aspect particulier. Quelques botanistes, avec raison, ont proposé de réunir ces deux genres.

Choin marisque. *S. mariscus.* L.

Chaume cylindrique, s'élevant jusqu'à cinq pieds. Feuilles longues, à limbe plan, se terminant en pointe triangulaire, et à bords et nervures dorsales denticulés. Fleurs en panicule rameuse, à épilets cylindriques, biflores ou triflores, nombreux, de couleur rousse, et munis à l'extérieur de deux à quatre écailles stériles, courtes, analogues à un involucre ; pédoncules longs, lisses, munis de bractées à leur base. Écailles florales ovales, à sommet arrondi ;

deux à quatre stigmates. Akène trigone, lisse et nu, ordinairement unique dans chaque épilet. ♃

Se trouve au Marais-Vernier, à Jumiéges. Fleurit en juillet et août.

Choin brun. *S. fuscus.* L.

Chaume trigone, filiforme, d'environ six à huit pouces, quelquefois canaliculé en haut. Feuilles sétacées, triangulaires, canaliculées. Inflorescence formée de deux ou trois masses de fleurs, l'inférieure pédonculée, les autres presque sessiles, partant de l'aisselle d'une feuille spathiforme; écailles ovales, obtuses, mucronées, rousses; deux stigmates. Akène environné de cinq ou six arêtes sétacées, hispidiuscules. ♃

S. setaceus. Thuill. — Croît dans les prairies humides.

Choin blanc. *S. albus.* L.

Chaume filiforme, subtriangulaire, comme canaliculé en haut, et d'environ dix pouces. Feuilles très-étroites, planes, canaliculées, à extrémité sétacée, triangulaire. Inflorescence composée d'un à trois paquets de fleurs, dont un est terminal, et les autres axillaires, longuement pédonculés; épilets cylindriques, pointus, d'abord de couleur blanchâtre, puis roux; bractées courtes, ne dépassant point les fleurs. Écailles ovales, scarieuses, uninervées, mucronées. Akène lisse, entouré d'environ dix arêtes hispides. ♃

Smith croit que cette espèce n'est qu'une variété de la précédente; elle vient dans les lieux humides.

www.ingramcontent.com/pod-product-compliance
Ingram Content Group UK Ltd.
Pitfield, Milton Keynes, MK11 3LW, UK
UKHW020346180726
13839UKWH00002B/947

9 782329 593951